iPadでミニゲームを作りながら「Swift」プログラミングを"楽しく"マスターしよう！

「Swift」は、2014年に生まれた新しいプログラミング言語です。iPhoneやMacなどで遊べるアプリを作ることができる言語です。
この本では、iPadのアプリ「Swift Playgrounds」を使って、楽しく簡単にSwiftを勉強することができます。作ったミニゲームは友だちとも遊べますよ。iPadを用意して、さっそく始めましょう！

本書でつくるゲーム

CHAPTER 4 「追いかけヘビ」ゲーム

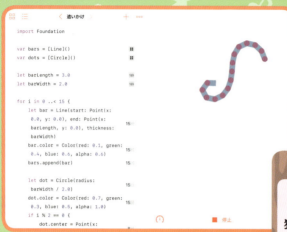

Chapter4から、本格的なゲーム作りが始まります。まずは、画面をドラッグするとヘビが指についてくる、「追いかけヘビ」ゲームを作りましょう。

学べるもの

座標の計算、for ループ、独自のファンクションを定義

CHAPTER 5 「3並べ」ゲーム

Chapter5 では、マスの中に〇と×のコマを交互に入れて、縦・横・ナナメに同じコマが3つ並んだら勝ちとなる「3並べ」ゲームを作ります。

学べるもの

色の指定、配列、勝敗と引き分けの判断

CHAPTER 6 「15パズル」ゲーム

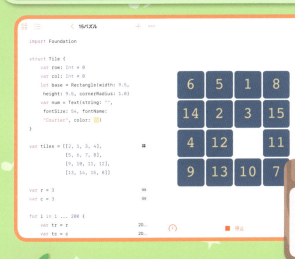

Chapter6 では、15個あるタイルを上下左右にスライドして、順番通りに並べる「15パズル」ゲームを作ります。

学べるもの

構造体、2重ループ、ルール作り

CHAPTER 7 「神経衰弱」ゲーム

Chapter7 では、トランプを裏返して、同じ数字であればそのカードを取り除き、数字が違えばまた裏返す「神経衰弱」ゲームを作ります。

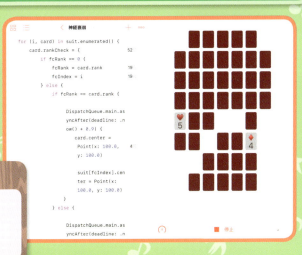

学べるもの

クラス、列挙型、実行を遅らせる

▶ サンプルファイルのダウンロード

ラトルズのサポートページ（http://www.rutles.net/download/484/）からサンプルファイルをダウンロードできます。iPadのSafariでこのページにアクセスし、「2章」と「4～7章」のリンクをタップすると、Swift Playgroundsでプログラムを開けるようになります。

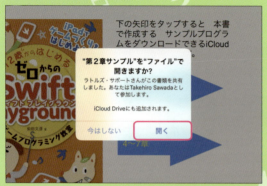

ダウンロード用のリンクをタップすると、確認画面が表示されるので、「開く」をタップします。

ダウンロードが完了しました。画面左上の「完了」をタップします。

Swift Playgroundsの画面に切り替えると、「共有書類」のところにダウンロードしたサンプルファイルが表示されます。タップして、プログラムの中身を確認してみましょう。

Rutles

▶ Swift Playgroundsのご利用方法について

本書で使用するプログラミングツール「Swift Playgrounds」は、インターネットからインストールしてご利用になれます。詳細はP.10以降をご覧下さい。

▶ サンプルファイルのご利用方法について

本書で使用するサンプルプログラム、ツール等はラトルズのWebサイトよりダウンロードしてご利用になれます。詳細はカラーページのP.Ⅳをご覧ください。

▶ 免責事項について

サンプルプログラムの運用や、本書の記述によって万が一損害が生じた場合でも、著者、発行者、ならびにソフトウェア開発者はその責を負いません。お客様の責任とリスクの範囲内でご利用くださいますようお願いいたします。

本書に記載されている内容は、初版執筆時の情報に基づいています。執筆後に更新された情報やソフトウェアのバージョンアップなどには対応しない場合がありますので、あらかじめご了承下さい。

▶ 内容のお問い合わせについて

- 誤字脱字およびミスプリントのご指摘は、当社Webサイト(http://www.rutles.net/contact/)の「ご質問・ご意見」をご利用下さい。電話・電子メール・FAX等でのお問い合わせは一切受け付けておりません。
- 本書をよく読めばわかることや、内容と関係のないご質問(「○○はどこに書いてあるのか」「パソコンやソフトが不安定(動かない)なのはなぜか」「ソフトの使い方が分からない」「こんなテクニックを教えて欲しい」など)にはお答えしませんので、あらかじめご了承下さい。
- 本書の内容についての文責は(株)ラトルズにあります。本書記載事項について、各ハードウェアおよびソフトウェア開発元へのお問い合わせはご遠慮ください。

Appleのロゴ、iPad、iPad Air、iPad mini、iPad Pro、Mac、macOS、は、米国および他の国々で登録されたApple Inc.の商標です。 SwiftおよびSwift PlaygroundsはApple Inc.の商標です。本書に記載されたその他の製品名および会社名は、各社の商標もしくは登録商標です。

― はじめに ―

　これは、**iPad** 上で動く **Swift Playgrounds** というプログラミング学習用のアプリを使って、ゼロから **Swift** プログラミングを学ぶための本です。Swift Playgrounds は、Apple 純正のアプリで、誰でも無料でダウンロードして使えます。私は、このアプリを、iPad 用として史上最高のものと考えています。これほどユーザーの知的好奇心を刺激し、初心者からプロまでの幅広いプログラミングスキルに対応でき、そして何より楽しく学び、遊べるアプリは他にありません。

　本書では、その Swift Playgrounds を使ってプログラミングを学ぶための題材として、いろいろなタイプの**ゲーム**を取り上げます。ゲームは遊ぶためのものであって、学ぶためのものではない、とお考えの方もいらっしゃるかもしれません。しかし、ゲームほどプログラミングを学ぶのに適した題材はありません。作りたいゲームを思い浮かべてから、そのゲームの動きを考え、それをプログラムとして実現する過程には、プログラミングの入門から上達に必要な、ありとあらゆる要素が必要となります。そして、出来上がったゲームで実際に遊んでみることにより、単に達成感が味わえるというだけでなく、そのゲームをさらに面白くするためにプログラムを改良しようとか、また別のもっと面白いゲームを作りたい、という意欲につながるという大きな効果も得られます。そうして、プログラミングの面白さに目覚めれば、新しいゲームに限らず、その他の、いろいろなタイプのプログラムへのアイディアも自然に湧いてくるようになるでしょう。本書が、そのための最初のきっかけを作るのを、お手伝いできるものと確信しています。

　なお本書では、CHAPTER 8 で、Swift の文法を含むプログラミングの基本についてまとめています。CHAPTER 2 から CHAPTER 7 では、プログラミングに関する用語が、突然出てくる部分もありますが、それらについては CHAPTER 8 で解説しています。CHAPTER 2 〜 CHAPTER 7 を読む際には、必要に応じて CHAPTER 8 を参照してください。少し退屈になりますが、先に CHAPTER 8 に一通り目を通してから、CHAPTER 2 以降を読み進めるのも良い方法かもしれません。

　本書を使って Swift のプログラミング言語を学ぶために必要なものは、Swift Playgrounds が動作する iPad だけです。残念ながら、歴代のすべての iPad で動作するわけではありませんが（対応機種は Apple のサイトでご確認ください）、条件にあった iPad を 1 台と本書を用意するだけで、素晴らしい Swift プログラミングの世界に足を踏み入れることができるのです。ちょっと大げさに言えば、それまでとは世の中が違った色に見えるような、素晴らしい体験となるはずです。本書を通じて、一人でも多くの人に、プログラミングの素晴らしさに目覚めていただきたいと願っています。

2019年春

柴田文彦

CONTENTS

もくじ

|巻頭カラー| iPadでミニゲームを作りながら「Swift」プログラミングを"楽しく"マスターしよう！

サンプルファイルのダウンロード………… IV
はじめに ………………………………………… 3

CHAPTER 1 まずは簡単なことからやってみよう

- 1-1　Swift Playgroundsのセットアップ……………… 10
- 1-2　Swift Playgroundsの基本的な使い方…………… 12

CHAPTER 2 「対話」テンプレートを使ったプログラミング

- 2-1　「対話」テンプレートの使い方を学ぼう…………… 24
- 2-2　簡易計算機プログラムを作ってみよう…………… 31
- 2-3　「じゃんけん」ゲームを作ろう……………………… 40
- 2-4　「数当て」ゲームを作ろう…………………………… 48
- 2-5　「サイコロ」ゲームを作ろう………………………… 56

CHAPTER 3 「図形」テンプレートを使ったプログラミング

- 3-1 「図形」テンプレートの使い方 ……………………………… 66
- 3-2 「キャンバス」のプログラムを見てみよう ………………… 67
- 3-3 「作成」のプログラムを見てみよう ………………………… 71
- 3-4 「タッチ」のプログラムを見てみよう ……………………… 76
- 3-5 「アニメート」のプログラムを見てみよう ………………… 82

CHAPTER 4 「追いかけヘビ」プログラムを作ろう

- 4-1 「追いかけヘビ」プログラムとは ………………………… 88
- 4-2 指の動きを追いかける円を描く …………………………… 90
- 4-3 円に従って動く直線を描く ………………………………… 92
- 4-4 円と直線を複数にして連結する …………………………… 101

CHAPTER 5 「3並べ」ゲームを作ろう

- 5-1 「3並べ」ゲームってどんなゲーム？ ……………………… 112
- 5-2 3並べの盤面を描く ………………………………………… 114
- 5-3 ○と×のコマを打つ ………………………………………… 120
- 5-4 どちらが勝ったか判定する ………………………………… 134
- 5-5 引き分けを判定してゲームオーバーにする ……………… 141

CONTENTS

CHAPTER 6 「15パズル」ゲームを作ろう

- 6-1 「15パズル」ゲームについて知ろう ……………… 148
- 6-2 「タイル」を定義する ……………………………… 150
- 6-3 15枚のタイルを並べる …………………………… 154
- 6-4 タッチしたタイルを空白のマスに移動する ……… 159
- 6-5 タイルの移動にアニメーションを付ける ………… 168
- 6-6 15枚のタイルをランダムに並べる ……………… 171

CHAPTER 7 「神経衰弱」ゲームを作ろう

- 7-1 「神経衰弱」ゲームとは？ ………………………… 182
- 7-2 「カード」の表（おもて）面をデザインする ……… 184
- 7-3 カードを「クラス」として定義する ……………… 188
- 7-4 52枚のカードを並べる …………………………… 200
- 7-5 カードの表面と裏面を表示できるようにする …… 207
- 7-6 順にめくった2枚のカードの数字を比較する …… 214
- 7-7 めくったカードをしばらく開いたままにする …… 222

CHAPTER 8 やさしいSwiftプログラミング言語の基礎

- 8-1　Swiftはどんなプログラミング言語？　230
- 8-2　変数と定数　233
- 8-3　代入と演算　236
- 8-4　文字列　242
- 8-5　配列　246
- 8-6　論理式　251
- 8-7　条件分岐　256
- 8-8　繰り返し処理　262
- 8-9　ファンクション　268
- 8-10　列挙型　275
- 8-11　構造体　279
- 8-12　クラス　282

さくいん　285
奥付　288

PROFILE

著者プロフィール

≫ 柴田文彦

1984年東京都立大学大学院工学研究科修了。同年、富士ゼロックス株式会社に入社。1999年からフリーランスとなり現在に至る。大学時代にApple IIに感化され、パソコンに目覚める。在学中から月刊I/O誌、月刊ASCII誌に自作プログラムの解説などを書き始める。就職後は、カラーレーザープリンターなどの研究、技術開発に従事。退社後は、Macを中心としたパソコンの技術解説記事や書籍を執筆するライターとして活動。最近は、プログラミングに関する記事、書籍の執筆に注力している。

キャラクター紹介

うさぎ先生
平和な「ツバメの森」にある、「ツバメ塾」の先生。とっても優しいおじいさん。プログラミングのことはなんでも知っている。好きな食べ物は月見うどん。

キツネくん
「ツバメ塾」の生徒。いたずらっ子で、いつも元気いっぱい。よくすり傷を作っている。ゲームを作ってみたくて、うさぎ先生のところへやってきた。好きな食べ物はきつねそば。

たぬきちゃん
「ツバメ塾」の生徒で、クラスの委員長。いたずらっ子のキツネくんをよくしかっている。キツネくんに誘われて、一緒にゲームを作ることに。好きな食べ物はたぬきうどん。

CHAPTER 1

まずは簡単なことから やってみよう

1 Swift Playgroundsのセットアップ

はじめに、iPadにSwift Playgroundsをインストールして使えるようにします。ちょっとサイズが大きいですが、普通のアプリと同様にApp Storeで入手してインストールします。

▶ Swift Playgroundsとは

Swift Playgroundsは、iPad上で手軽にSwiftプログラミングが学習できるように開発されたアプリです。もちろん、App Storeからダウンロードしてインストールし、そのまま使うことができます。その点では、普通のiOSアプリと変わりませんが、曲がりなりにもプログラミング環境なので、使い勝手は普通のアプリとだいぶ違います。そのため、最初は使い方に戸惑われることもあるかもしれません。
特に、独自のアプリケーションを書くために、テンプレートから「プレイグラウンド」を作成したり、そのプレイグラウンドに新しいページを追加する方法は、一般的なiOSアプリの操作とは異なる部分です。iOSアプリの扱いには慣れているという人も、次のCHAPTERからスムーズにプログラミングを始められるよう、ひと通り目を通しておいてください。

▶ ダウンロードしてインストール

まずは、App Storeでアプリを探すところから始めましょう。ある意味特殊なアプリなので、検索して探す方が簡単でしょう。App Storeアプリの「検索」タブで検索欄に「Swift」と入力するだけで、上から3番目あたりに「swift playgrounds」が出てくるはずです。そこをタップすれば、すぐにSwift Playgroundsアプリが見つかるでしょう。

検索結果に出てきたら「Swift Playgrounds」という名前の部分をタップしてアプリの紹介画面を開きましょう。

◎「入手」をタップして、Swift Playgroundsアプリをインストールします。

機能の紹介に加えて、「情報」欄には、「互換性」という項目があります。そこに「このiPadに対応」と出ていれば、そのiPadで利用することができます。ひと通り情報を確認したら「入手」をタップすると、ダウンロードが始まり、自動的にインストールされます。

▶ Swift Playgroundsを起動する

インストールが終わると上の図の「入手」ボタンが「開く」に変わるので、そこをタップすれば、手元のiPadでSwift Playgroundsアプリが起動します。
いったんSwift Playgroundsを閉じた後で、改めて起動するには、iPadのホーム画面のオレンジ色のツバメのようなアイコンをタップしましょう。

CHAPTER 1 まずは簡単なことからやってみよう >>>

2 Swift Playgroundsの基本的な使い方

ここでは、「コードを学ぼう」シリーズなどによる、一般的な Swift Playgrounds の使い方ではなく、本書で基本的なプログラミングを学ぶための、最小限の使い方を解説します。

▶ テンプレートを選んでプレイグラウンドを作る

Swift Playgrounds は、普通の iPad アプリとはちょっと雰囲気の違った、どちらかというとパソコンのアプリに近い感覚で使うものだと考えておくと、理解しやすいかもしれません。
Swift Playgrounds を起動すると、最初は「マイプレイグラウンド」というタイトルの付いた画面になります。ここには、パソコン用のアプリでいえば、ドキュメントファイルのような、ユーザーが作成した「プレイグラウンド」のサムネール（縮小イメージ）が並んでいきます。

◎Swift Playgrounds を起動すると、「マイプレイグラウンド」画面が表示されます。

最初はプレイグラウンドが何もない状態から始まります。左ページの図には、「対話」というプレイグラウンドが1つだけ配置されているのが見えます。これは、本書で最初に使う「対話」という「テンプレート」から作成したプレイグラウンドです。よく見ると、画面の下の「新機能」という部分にも、「対話」という少し小さいサムネールが置かれています。ちょっと紛らわしいのですが、これはプレイグラウンドではなく、新たなプレイグラウンドを作る際に利用するテンプレートです。

新しいプレイグラウンドを作る際には、かならずどれかのテンプレートを利用します。左ページの図は、何もない状態から「対話」のテンプレートを選んで、最初のプレイグラウンドを作った状態です。そのためには、単に「対話」というテンプレートをタップするだけで良いのです。

もし、「マイプレイグラウンド」画面の「新機能」の中に「対話」が見つからなかったら、「新機能」の右上にある「すべてを見る」というオレンジ色の文字をタップしてみましょう。すると、利用可能なすべてのテンプレートの一覧を表示できます。

⊙「すべてを見る」をタップすると、テンプレートの一覧が表示されます。

「すべてを見る」の中の「対話」も、最初に見た「新機能」の中の「対話」も、同じテンプレートです。この画面の「対話」をタップしても、新しい「対話」のプレイグラウンドを作ることができます。

なお、テンプレートの「対話」は名前を変更できませんが、プレイグラウンドのほうの名前は自由に変更できます。「対話」という名前の文字部分をタップすると「名前を変更」というダイアログが表示され、キーボードを使って名前を変更できます。

▶ プレイグラウンドのページをめくる

プレイグラウンドができたら、そのサムネールをタップして開いてみましょう。「対話」のテンプレートから作ったプレイグラウンドの場合、最初は「テキスト」という名前の付いたページが開きます。

⬅「対話」のプレイグラウンドを開くと、この画面が表示されます。

ここには、あらかじめ 3 行からなるプログラムが記述されています。この内容については次の CHAPTER で詳しく説明します。ここでは、この「対話」のプレイグラウンドに含まれる、もう 1 つのページに移動する方法について説明します。

このページの左半分の最上部には「テキスト」というタイトルが表示されています。さらに、この「テキスト」という文字の左側には「＜」、右側には「＞」のような記号が配置されています。これらは、ページを左右にめくるためのボタンです。

しかしよく見ると、左の「＜」は右の「＞」に比べて薄いオレンジ色になっていることに気付くでしょう。これは、薄いほうの「＜」ボタンは押せないことを表しています。つまり、このページの前には、移動できるページが何もないことを意味しています。このページは、このプレイグラウンドの最初のページなので、当然のことです。それに対して、右の「＞」は濃いオレンジ色なので、ボタンとして機能します。つまり、このページの後ろには別のページがあって、この「＞」をタップすることで、そのページに移動することができるのです。

それでは、その「>」をタップして、次のページを開いてみましょう。

⬅「>」をタップして、次のページを開きました。

今度のページは「型」というタイトルです。そして前のページよりも、ずっと長いプログラムが書かれています。この内容についても、次の CHAPTER で解説するので、ここでは無視して構いません。

このページでは、タイトルの左の「<」が濃いオレンジで、右の「>」が薄いオレンジになっていることにだけ注意してください。言うまでもなく、前のページには戻れますが、次のページはありません。

ここでは、タイトルの左の「<」をタップして、最初のページに戻っておきましょう。

▶ プログラムを動かしたり止めたりする

最初のページに戻ったら、そこにある 3 行からなるプログラムを動かしてみましょう。といっても、プログラムの動作を確認するためではなく、動かし方を知るためです。

プレイグラウンドのページに書かれているプログラムを動かすには、画面の右半分のいちばん下にある「▶ コードを実行」というボタンをタップします。それだけです。

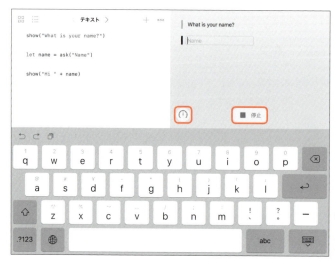

○「▶ コードを実行」をタップすると、プログラムが動き出します。

これでプログラムが動き出したことは、それ以前は「表示する出力がありません」という注意だけ表示されていた画面の右半分に、プログラムによる文字などが表示されることからわかります。ここでは「What is you name?」という文字列と、その下には「Name」と薄い文字を含む四角い枠が表示されているのがわかるでしょう。

ここではそれらの意味には触れませんが、1つだけ注意して欲しいのは、今タップした「▶ コードを実行」というボタンは、「■ 停止」というボタンに変わっているということです。これはプログラムの実行を止めるためのボタンです。プログラムは、通常すべての部分を実行し終われば自動的に止まりますが、このボタンによって途中で止めることができるのです。

実際にこのボタンをタップして、プログラムが止まることを確かめてください。プログラムが止まると、今タップしたボタンが再び「▶ コードを実行」に戻るのでわかるはずです。

この「▶ コードを実行」ボタンの左にある、何やら丸いスピードメーターのようなマークのボタンが気になるかもしれません。これは、プログラムをゆっくりと動かすためのメニューを開くボタンです。Swift Playgrounds では、開発中のプログラムの動作を確認するために、1行ずつ結果がわかるように、ポーズを入れながら実行することができます。このスピードメーターのボタンをタップすると、「コードを実行」「コードをステップ実行」「ゆっくりステップ実行」「×」という4つの項目を持ったメニューが開きます。

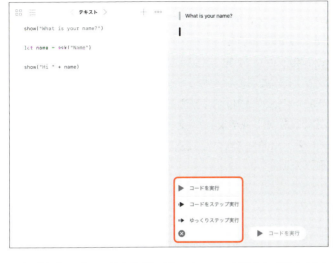

⑥ スピードメーターのボタンをタップすると、4つのメニューが表示されます。

いちばん上の「コードを実行」は、メニューではないボタンによる普通の「コードを実行」と同じように、フル速度でプログラムを動かします。その下の「コードをステップ実行」と「ゆっくりステップ実行」は、上で述べたようにプログラムを1行ずつ、待ち時間を入れながらゆっくりと実行しますが、それぞれその待ち時間の長さが違います。もちろん「ゆっくりステップ実行」のほうが、「コードをステップ実行」よりも待ち時間が長く、よりゆっくりと実行されます。最後の「×」は、このメニューを閉じるための選択肢です。

新しいプレイグラウンドのページを作る

繰り返すようですが、「対話」のテンプレートから作成したプレイグラウンドには「テキスト」と「型」という名前の付いた2つのページが含まれています。次のCHAPTERでは、そこにさらに新たなページを追加して、その新しいページの上にプログラムを書いていきます。そこで、ここでプレイグラウンドに新たなページを追加する方法を説明しておきます。

プレイグラウンド画面の左上隅には、小さな4つの正方形を田の字に並べたようなマークのボタンがあります。これについても後で説明しますが、ここで使うのは、その右にある3つの点と3本の線を組み合わせた箇条書きのようなマークのボタンです。そこをタップすると、プレイグラウンドのタイトルと同じ「対話」というメニューが表示されます。

⊙ ≡をタップすると、「対話」メニューが表示されます。

そのメニューの項目になっているのは、そのプレイグラウンドに含まれるページのタイトルです。このメニューの第1の目的は、実はメニューからタイトルを選択することでページを素早く切り替えることだったのです。このようにページが2つしかない場合にはそれほど効果がありませんが、ページの数が増えるとこの機能がとても便利になります。

それはともかく、このメニューの右上角には「編集」というボタンも配置されています。それをタップしてみましょう。

Swift Playgrounds の基本的な使い方　1-2

🟠「編集」ボタンをタップすると、「対話」メニューが編集できるようになります。

すると、メニューの中が編集可能な状態になります。たとえば、この場でページのタイトルを変更することもできますし、ドラッグして順番を入れ替えることもできます。さらに選んだページを削除したり、複製（コピー）を作ったりすることも可能です。しかし、ここでやりたかったのは、新たなページを追加することでした。そのためには、このメニューの左上隅の「＋」ボタンをタップします。

どんどんページを増やすことができるんだね♪

いろんなゲームを作れるね！

⬅ メニューの「＋」ボタンをタップすると、「名称未設定ページ」が追加されました。

すると、メニュー項目のいちばん下に、「名称未設定ページ」というタイトルのページが追加されます。この時点で、このプレイグラウンドに新たなページが追加されています。ただし、名前が「名称未設定ページ」ではちょっと味気ないですね。その名前の部分をタップすれば、キーボードが表示され、名前を自由に変更することができます。

⬅「名称未設定ページ」の名前を「新しいページ」に変更します。変更後、「完了」ボタンをタップします。

ここでは仮に「新しいページ」という名前にしてみました。これもあくまで仮のものですが、実際にはそのページのプログラムの内容を表すような名前を付けるのが良いでしょう。名前が変更できたら、メニュー右上隅の「完了」ボタンをタップします。

⬅「完了」ボタンをタップすると、メニューが元の状態に戻ります。

するとメニューが元の状態に戻ります。この状態では、「新しいページ」を選択して、そのページを直ちに開くことができるようになります。
これは、プレイグラウンドに新たなページを追加する標準的な手順です。これは、本書全体を通して何度も使うことになるので、必ず覚えておいてください。

▶ プレイグラウンドを閉じる

この CHAPTER の最後に、もう 1 つだけプレイグラウンドの操作方法について説明します。それは、今開いているプレイグラウンドを閉じる操作です。
上に示した例で、プレイグラウンド画面の左上に小さな 4 つの正方形が田の字に並んだマークのボタンがあることに触れました。このマークは、実はマイプレイグラウンド画面を表しています。
このボタンをタップすると、開いているプレイグラウンドが閉じて、最初に見たマイプレイグラウンド画面に戻ります。実際にプログラムを書いている最中に使うことは

ないでしょう。また、Swift Playgrounds の操作をいったん中止する際に、いちいちプレイグラウンドを閉じてマイプレイグラウンドに戻る必要もありません。しかし、いったん作業中のプレイグラウンドを閉じて、別のプレイグラウンドを開く場合には、このボタンが不可欠です。

この後は、次の CHAPTER に移って、実際に新しいページにプログラムを書いていくことになります。Swift の詳しい文法の解説は、CHAPTER 8 に用意しています。途中でプログラムの解説がわからなくなったときは CHAPTER 8 で文法の勉強もしてみましょう。

CHAPTER 2

「対話」テンプレートを使ったプログラミング

「対話」テンプレートの使い方を学ぼう

Swift Playgrounds のテンプレートの中で、もっとも手軽に使えるものとして「対話」が挙げられます。「対話」のプログラムの内容を見てみましょう。

▶「対話」ってどういう意味？

「対話」テンプレートの「対話」というのは、**プログラムを使うユーザーとコンピューター、この場合は iPad との対話**という意味です。

例えば、コンピューターがユーザーに対して何かを聞いてきて、それにユーザーが答えると、その答えに応じてコンピューターが何か結果のようなものを返してくる、というようなパターンが、その代表的な使い方となるでしょう。

まず、CHAPTER 1 で述べたようにして、「対話」テンプレートを利用したプレイグラウンドを作成します。このテンプレートの場合、まったくの空ではなく、簡単なサンプルプログラムが書かれた 2 つのページが含まれています。せっかくなので、どんなプログラムなのか、ざっと確認しておきましょう。

iPad と会話？
そんなことできるのかな？

「対話」に最初から含まれているプログラム（その1）

まず最初のページには3行のプログラムが書かれています。

最初なので、このプログラムを1行ずつ見ていきましょう。まず1行目は、次のようになっています。

1行目
```
show("What is your name?")
```

これが、このプログラムによる「対話」の最初です。これは、コンピューターからユーザーに対して、名前を聞いてきているのです。プログラム自体は **show()** というファンクションによって、**画面に文字列を表示する**というものです。続く括弧の中にある、2つの「"」で囲まれた範囲の文字列を画面に表示します。この結果、**プレイグラウンド画面の右側には「What is your name？」という文字列が表示されます**。この段階ではそれだけです。

次の行では、ユーザーが名前を入力できるようにします。

2行目

```
let name = ask("Name")
```

こんどは **ask()** というファンクションを使って、ユーザーに名前を入力するように促し、それに対してユーザーが入力した名前の文字列を **name** という変数（正確には定数）に代入しています。括弧の中に書いた「Name」という文字列が、ユーザーが文字列を入力する枠の中に薄く表示されます。これはユーザーに「名前」を入力するのだということを指示するもので、実際に何かを入力すると消えてしまいます。このような表示のしかたを一般に「**プレースホルダー**」と呼んでいます。

実際にプログラムを動かして、ここまでの動作を確認しておきましょう。

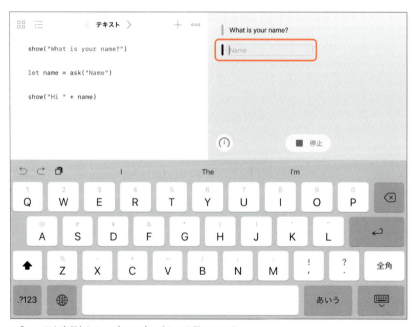

↑「コードを実行」をタップしてプログラムを動かします。

まず、右側の1行目には「What is you name?」と表示されています。これがプログラムの1行目の結果です。次の行には、名前を入力するための枠が表示されています。この段階では、まだ何も入力していないので、枠の中には「Name」というプ

「対話」テンプレートの使い方を学ぼう 2-1

レースホルダーの文字列が薄いグレーで表示されています。
ここに実際に何か入力すると、枠の右側に「送信」ボタンが表示されます。この例では「ツバメ」と入力して「送信」ボタンをタップしてみます。

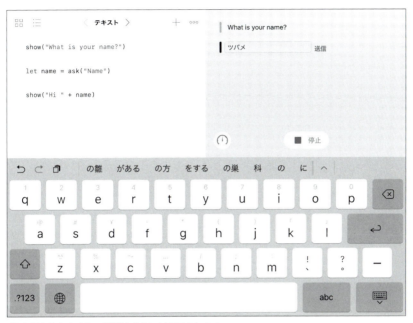

⬆ 名前を入力すると、「送信」ボタンが表示されます。

するとこんどは、「Hi, ツバメ」という文字列が表示されます。

わーい、お話してくれたわ！

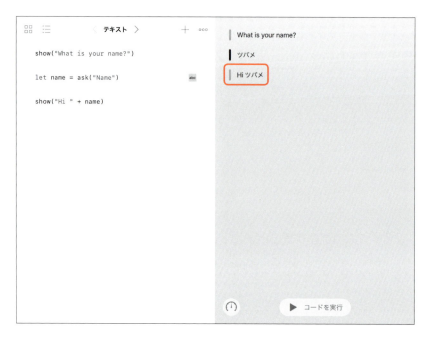

これは、コンピューターからユーザーへの挨拶ですね。この文字列を表示しているのが、プログラムの3行目です。以下のようになっています。

3行目

```
show("Hi " + name)
```

ここでも、1行目にも登場した **show()** ファンクションを使っています。ただし、ここでは「Hi 」という文字列と、2行目のプログラムによって **name** という変数に代入された、ユーザーが入力した名前の文字列を、「+」記号によって連結して画面に表示しているのです。

「対話」テンプレートの1ページ目に記載されているプログラムの基本的な動作は以上のようになります。これで、プレイグラウンドの左側に書かれたプログラムと、右側に表示されるものの対応も明らかになってきました。これが、このCHAPTERの最初に述べた、「対話」の動作の基本なのです。

繰り返すと、まずコンピューターがユーザーに何かを聞いてきて、それに対してユーザーが答えると、またコンピューターがそれに応じた何かを表示する、という「対話」になっているわけです。

▶ 「対話」に最初から含まれているプログラム（その2）

このプレイグラウンドの最初のページのタイトルは「テキスト」となっています。そのタイトルの右側には「>」マークがあるので、そこをタップすると、2つ目のページに移動します。そのページのタイトルは「型」となっていて、1ページ目よりもかなり長いプログラムがあらかじめ入力されています。

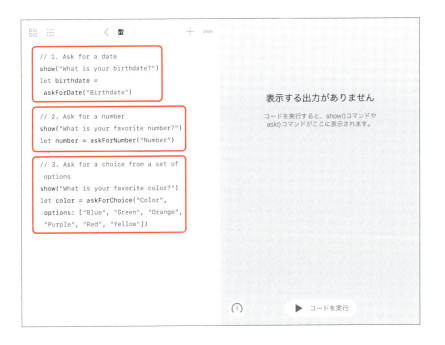

ここでひるむ必要はありません。このページのプログラムは、大きく3つの部分に分かれていて、それぞれの部分で上で説明したような「対話」を実行しているだけです。ただし、ユーザーが何か入力しても、それに対する応答はなく、それっきりになってしまうので、プログラムの構造は、前のページよりもむしろ単純です。

ここでは、ユーザーの誕生日、好きな数字、好きな色を、それぞれ`askForDate()`、`askForNumber()`、`askForChoice()`という3種類のファンクションを使ってユーザーに聞いています。ここは、プログラムからユーザーに聞きたい内容の種類に応じて、いろいろなファンクションが使えますよ、ということを示しているのです。ちなみに`askForDate()`は、ダイアルによって日付を選ぶデイトピッカーを表示して年、

月、日を入力させるものです。`askForNumber()` はテンキーパッドを表示して数字を入力させます。また、`askForChoice()` は、ダイアルによって複数の選択肢から 1 つを選ばせるものです。

これらが、実際にどのような表示になるのかは、各自、実際に動かして確かめてください。ここでは、このテンプレートのプログラムの動作をいちいち確認しませんが、ここで使っている入力のためのファンクションは、この後のプログラムでも必要に応じて使っていきます。実際の動作、使い方は、その際に改めて説明することにします。

2 簡易計算機プログラムを作ってみよう

ここでは、「対話」テンプレートを使った簡単な計算機プログラムを作ります。プログラムを作る上で基本となる、足し算・引き算などの数値の計算方法をしっかり身に付けましょう。

▶ 「計算機」ページを作成する

さて、ここからいよいよオリジナルのプログラムを書いていきます。「対話」テンプレートに最初から入っていた 2 ページ分のプログラムは、今後は使わないので消してしまってもかまいません。もちろん、後で参考にするためにとっておいても良いのですが、その場合はプレイグラウンドに新たなページを追加して、そこに自分のプログラムを書いていってください。いずれにしても、また新たに「対話」テンプレートからプレイグラウンドを作成すれば、元からある 2 ページのプログラムは再現されるので、消したら二度と見られなくなるのでは、といった心配は無用です。
ここでは「計算機」という名前の新たなページを追加して、そこにプログラムを書いていくことにします。プレイグラウンドに新しいページを追加する方法については CHAPTER 1 (p.10) を参照してください。

▶ 固定的な計算プログラムの作成

これから作るのは、ごく簡単な計算機のプログラムです。もちろん、これはゲームではありませんが、ゲームを作るための準備段階ということで、ユーザーとやりとりするための基本を学ぶために用意したステップです。早くゲームが作りたい、という人も、もうしばらくお待ちください。この次のステップから、だんだんゲームらしいプログラムになっていきます。

ここからしばらくの間は、いきなり完成形のプログラムを示して、それについてまとめて解説するのではなく、できるだけ簡単に動かせるものから始めて、徐々に機能を追加していくことにします。そうして、プログラムを徐々に書き加えていきながら、完成させるまでの過程を通して少しずつ解説していきます。それにより、はじめは何もわからなくても、一歩ずつ理解しながら進めるようにしたいと思います。

まずは、2つの数字を使って何らかの計算を実行し、その結果を表示するという、もっとも基本的な計算機のプログラムを書いてみましょう。計算の元になる2つの数字も、計算の種類も、あらかじめプログラムに書き込んでしまいます。

計算機プログラム（その1）

```
let val1 = 3
let val2 = 5
let result = val1 + val2
show(result)
```

このプログラムを動かすと、プレイグラウンド画面の右側には、計算結果として「8」が表示されます。

このプログラムでも、プログラム自体を書き換えることで、計算の対象となる数字や計算式を変更できます。それにより、他にもいろいろな計算を実行することが可能です。といっても、それでは「できなくはない」という程度のもので、不便なことは間違いありません。

そこで、プログラムを書き換えなくても、プログラムを動かしてから、数字や計算の種類を変更できるようにしてみましょう。そうしておけば、プログラミングの知識がまったくない人でも、このプログラムを簡単な計算機として使えるようになります。

計算する数字を入力可能にする

まずは、計算する数字をプログラムで決めてしまっている部分を変更して、ユーザーが自由に数字を入力できるようにします。「対話」のテンプレートに最初から含まれているプログラムの 2 ページ目に出てきた `askForNumber()` ファンクションは、数字を入力するものだと説明しました。

ここで言う「数字」は、厳密に言うと整数を表すものです。つまり、小数点以下の数字は扱えません。それでももちろん計算は可能ですが、計算機としての実用性を考えると小数点以下の数字も計算できるようにしておきたいところです。そのためには、似たようなファクションの `askForDecimal()` を使います。どちらもテンキーパッドを表示して数字を入力できるようにするものですが、後者では小数点が入力可能になっているという違いがあります。プログラムは以下のようになります。

計算機プログラム（その2）

```
let val1 = askForDecimal()
let val2 = askForDecimal()
let result = val1 + val2
show(result)
```

とりあえず動かしてみましょう。`askForDecimal()` の括弧の中に何も引数を与えていないので、入力用の四角い枠の中に「Decimal」というプレースホルダーが表示され、その下にテンキーパッドが現れます。

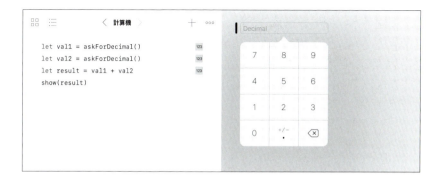

これが計算の対象になる最初の数字です。適当な数字を入力してから「送信」をタップしましょう。すると、前と同じように、もう1つ数字を入力する枠が表示されます。ここにも適当な数字を入力して「送信」をタップします。

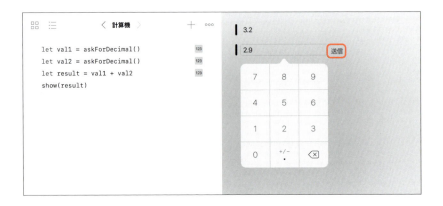

その結果、今入力した2つの数字を足した結果が3行目の数字として、プレイグラウンド画面の右側に表示されました。

```
let val1 = askForDecimal()
let val2 = askForDecimal()
let result = val1 + val2
show(result)
```

3.2
2.9
6.1

これで、プログラムを動かしてから、好きな数字を入力して足し算を実行するプログラムになりました。だいぶ「計算機」に近づいてきたような感じがするでしょう。しかし、このままでは足し算しかできません。こんどは、計算の種類も選べるようにしてみましょう。

▶ 計算の種類を選べるようにする

とりあえず、「四則演算」と呼ばれる基本的な4種類の演算、足し算、引き算、かけ算、割り算から選べるようにします。こんどはユーザーに数字を入力してもらうので

はなく、複数の選択肢から 1 つを選んでもらいます。そのためには、やはり「対話」のテンプレートに最初から含まれているプログラムの 2 ページ目で使われていた `askForChoice()` というファンクションが使えそうです。そこでは、好きな色を選択するために使われていましたが、ここでは計算の種類を選ぶのに使うのです。その部分は、ユーザーが選択肢の中から選んだ結果を代入する変数を用意して、以下のように書くことができます。

演算子を選択させる
```
let op = askForChoice(options: [" + ", " － ", " × ", " ÷ "])
```

「＋」「－」「×」「÷」という 4 種類の記号を、それぞれ `""` で囲って文字列として扱っています。さらにそれら 4 つの文字列を `,` で区切って `[]` で囲った配列としました。この配列を、`options` という名前の引数として、`askForChoice()` ファンクションに与えます。このあたりのプログラムの書き方や、用語は、慣れないうちは難しく感じられるかもしれませんが、だんだん自然に慣れるので、今はそういうものだと思っておいてください。

この `askForChoice()` ファンクションを実行すると、「＋」「－」「×」「÷」という 4 種類の記号の中から 1 つを選択するための「ピッカー」を画面に表示します。ユーザーはダイアル状の選択肢を動かして、その中から 1 つを選び、数字を入力する場合と同じように「送信」をタップします。その結果が、ここでは **op という変数**に代入されるのです。つまり、この op の値は、ファンクションの実行後には「＋」「－」「×」「÷」いずれかの記号を表す文字列となります。

あとは、ユーザーが選んだ記号に応じた計算を実行するだけです。と言うのは簡単ですが、そのためには、まずユーザーが選んだ記号が 4 種類のうちのどれなのかを調べる必要があります。そのような場合に便利なのが、`switch` 文です。これは、今回のように調べなければならない場合の数が、何通りかのうちの 1 つだけ、といった場合に特に便利で、よく使われる書き方です。書き方を言葉で説明するのももどかしいので、実際の例を見てみましょう。

`switch` 文で選択肢に応じた計算を実行
```
switch op {
case "+":
    result = val1 + val2
```

```
case "ー":
    result = val1 - val2
case "×":
    result = val1 * val2
case "÷":
    result = val1 / val2
default:
    break
}
```

`switch` 文では、まず値を調べたい変数を `switch` のすぐ後に書きます。その後ろに続けて、一致するかどうか調べる部分を `{}` でくくって書きます。その `{}` の中では、値が一致するかどうか調べるそれぞれの場合を `case` を使って書きます。一致するかもしれない値をそのまま `case` に続けて書き、その後ろを `:` で区切って、一致した場合に実行する処理を書きます。

4 つの場合の後に出てくる `default` というのは、`case` で書いた場合のどれにも該当しない場合を表します。このプログラムの場合には、調べるのは `askForChoice()` ファンクションで選んだ値なので、4 通り以外にはあり得ません。そのため `default` の状態になることは絶対にないはずなのですが、Swift の `switch` では、必ず `default` を書く必要があります。何も実行する必要がない場合には、この例のように `break` を書いておけば良いのです。

このプログラムによって、ユーザーが選んだ演算の種類に応じて 4 つのうちどれか 1 つの演算が実行されます。「＋」、「ー」、「×」、「÷」というのは、あくまでユーザーに対する表示用であって、それらの記号によってそのまま演算が実行できるわけではありません。Swift のプログラムでは、それぞれ `+`、`-`、`*`、`/` という記号を使って演算を実行します。

演算の結果は、`result` という変数に入れています。この変数は、いきなり出てきますが、実際にはこの変数は、上に示したプログラムのもっと前で、あらかじめ用意しておかなければなりません。完全なプログラムは、次ページで示します。計算結果の入った `result` は、`show()` ファンクションを使って画面に表示しましょう。

計算結果を表示する
```
show(result)
```

この部分は、最初に示した固定的な計算の場合と同じです。以上説明した完全なプログラムを以下に示します。

計算機プログラム（その3）

```
let val1 = askForDecimal()
let val2 = askForDecimal()

var result = 0.0

switch op {
case "+":
    result = val1 + val2
case "−":
    result = val1 - val2
case "×":
    result = val1 * val2
case "÷":
    result = val1 / val2
default:
    break
}

show(result)
```

このプログラムを動かしてみましょう。数字を入力する部分は省略しますが、2つの数字を入力し終わると、「＋」「−」「×」「÷」のいずれかを選ぶためのピッカーが表示されます。ここでは「×」を選んで「送信」をタップしてみましょう。

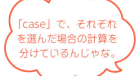

「case」で、それぞれを選んだ場合の計算を分けているんじゃな。

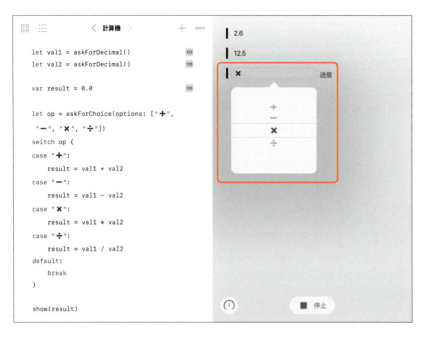

すると、結果として、この例の場合には「32.5」が表示されます。

以上示したのは、基本的な枠組みだけのプログラムですが、実際に使うには、何度も続けて計算ができるようにしたり、1つの計算結果を次の計算に使えるようにするなど、いろいろと機能を追加したくなるところです。それらも難しくはないのですが、本書で実際に動かしてみる初めてのプログラムなので、あまり多くの要素を詰め込むことは避けて、ここではこれくらいにしておきます。もう少しいろいろなプログラミング方法を覚えて、スキルが上達したら、またここに戻って高機能な計算機プログラムに改良してみるのも良いでしょう。

CHAPTER 2 「対話」テンプレートを使ったプログラミング > > >

3 「じゃんけん」ゲームを作ろう

いよいよゲームづくりに挑戦です。計算機プログラムで使った「対話」テンプレートを使って、今度は「じゃんけん」ゲームのプログラミングを行います。

▶ 「じゃんけん」をゲームとして表現する

最初に作った「計算機」のプログラムは、「ゲーム」ではありませんでした。ゲームではないプログラムの特徴の1つは、結果が予想通りになるということでしょう。逆に言えばゲームでは予想外の結果になることが多いのが特徴ということでもあります。これから作るゲームは、結果が予想できないシンプルで代表的な例として「じゃんけん」とします。

本来のじゃんけんについては、説明するまでもありませんが、二人でも三人でも、またそれ以上でも、対戦する複数の人が同時に「グー」「チョキ」「パー」のいずれかの「手」を出し、その組み合わせによって勝敗を決めるというものです。これから作るじゃんけんゲームでは、できるだけ簡単にするため、ユーザーとコンピューターの1対1の勝負ということにします。まずユーザーが自分の手を選ぶと、コンピューターがランダムに手を選び、2つの手を比べて勝敗を決めます。

いよいよ、ゲームっぽくなってきたね♪

本当のじゃんけんでは、対戦する人が「同時に」手を出すことが重要です。つまり、相手の出す手を知らずに、自分の手を決めなければなりません。このようにユーザーが手を選んでから、コンピューターが手を決めるというのは、コンピューターの「後出し」ではないかと思われるかもしれませんが、そうではありません。この場合、コンピューターはユーザーが何を選んだかに関係なく、ランダムに自分の出す手を選ぶようにするからです。

結果は、どちらが勝ったかを文字列で表示することにします。ただし、それだけだと、ユーザーにはコンピューターが出した手がわかりにくくなってしまいます。もちろん、勝敗を見ればわかるはずなのですが、コンピューターが出した手もはっきりと表示した方が親切です。そのあたりも考えて、ゲームを作っていきます。「対話」のテンプレートから作成したプレイグラウンドに、また新たなページ「じゃんけん」を追加して始めましょう。

▶ ユーザーに自分の手を選ばせる

プログラムの最初のステップは、ユーザーに自分の手を選ばせることです。これは、前の「計算機」の例で、四則演算を選んだ方法がそのまま使えます。つまり、`askForChoice()`のファンクションを使う方法です。まずは、その部分のプログラムを1行だけ書いて動かしてみましょう。

自分の手を選ばせる
```
let hHand = askForChoice(options: [" グー ", " チョキ ", " パー "])
```

このプログラムを動かすと、プレイグラウンドの画面の右側には、「グー」「チョキ」「パー」のいずれかを選ぶためのピッカーが表示されます。どれかを選んで「送信」をタップすると、ピッカーは閉じますが、その先のプログラムを書いてないので、動作はそこまでです。このままでは、ユーザーが選んだ手が変数 **hHand** に正しく代入されているか確かめられないと思われるかもしれません。しかし、Swift Playgroundsが備えている便利な機能を使えば、プログラムを追加することなく、変数の値を調べることができます。

この時点で画面をよく見ると、プログラムを書いた行の右端あたりに「abc」というボタン状のものが現れていることに気付くでしょう。この「abc」というのは、この

hHand という変数が文字列の値を持っていることを示しています。もし、変数に数字が入っている場合は、そこの表示が「123」になっているはずです。

それはともかく、ここでその「abc」ボタンをタップしてみましょう。すると、吹き出しが表示され、この例ではその中に「チョキ」と表示されました。

⬆ 吹き出しにユーザーが選択した手が表示されます。

これが変数 hHand の値です。これで、ユーザーが「チョキ」を選んだことが確かめられました。

▶ コンピューターの手をランダムに決める

次に、コンピューターが出す手を決めましょう。ある意味コンピューターに手を選ばせるわけですが、ゲームではこんな場合に「乱数」を使うのが普通です。乱数というのは、サイコロを振ったりするのと同じように、誰にも予想できないランダムな数字を出す機能です。コンピューターの中では計算式によって数字を求めますが、毎回違った予想不可能な数字が出ることになっています。

乱数を出す方法は、プログラミング言語ごとに違いますが、Swift では `arc4random()` というファンクションを使うのが普通です。このファンクションは、小数点の付かないランダムな整数を返してきます。とりあえずこれで、じゃんけんの手を決めるための元になるランダムな数字が得られます。

ただしこの乱数の値は、0 から非常に大きな数字まで、どんな大きさの数が出てくるか分かりません。そのままでは 3 種類のじゃんけんの手を決めるのに都合が悪いので、結果の数の範囲を絞り込む必要があります。そのためには、このファンクションが返した結果に対して、「**剰余算**」という演算を実行します。これは、元の数をある数で割った余りを求めるものです。

ちょっとわかりにくいかもしれませんが、例えばある数を 3 で割ると、割り切れた場合の余りはもちろん 0 です。小数点以下を求めないとすると、割り切れないときには

1 だけ余る場合と、2 が余る場合があります。それ以外はありません。3 余るというのは、割り切れたのと同じことになるからです。つまり、元の数を 3 で割った余りは、0 か 1 か 2 のいずれかになります。これはじゃんけんの手を決めるのにも好都合です。乱数の発生から 3 による剰余算の部分までをプログラムで表すと以下のように 1 行で書けます。

乱数を 3 で割ったときの余りを求める

```
let cHand = arc4randam() % 3
```

ほとんどのプログラミング言語では剰余算を「%」の記号で表しています。これを p.41 のプログラムの後ろに書いて、試しに動かしてみましょう。最初にユーザーに手の入力を促してくるところは前と同じです。これは今は関係ありません。ユーザーの入力が終わると、プログラムはコンピューターの手を決めるために、今付け足した乱数発生の部分に進みます。これだけでは結果がわかりませんが、前と同じように Swift Playgrounds の機能を使って値を確かめてみましょう。今度は「123」というボタンがプログラムの右側に表示されているのでそれをタップしてみます。すると `arc4randam()` で発生した乱数を 3 で割った余りが、0、1、2 のいずれかの数字として確認できます。何度か試して値が変化することを確かめてください。

⬆ 吹き出しに 0、1、2 のいずれかが表示されます。

これでコンピューターのじゃんけんの手を決めるための元の数字が得られました。次にこの数字をじゃんけんの手に変換します。ここでは 0 ならグー、1 ならチョキ、2 ならパーということにしましょう。ここでも、前の例で使った `switch` が使えそうです。乱数の結果をじゃんけんの手として表示するプログラムを書いてみます。

switch文で乱数の結果をじゃんけんの手にする

```
switch cHand {
case 0:
    show(" コンピューターはグーを出しました。")
case 1:
    show(" コンピューターはチョキを出しました。")
case 2:
    show(" コンピューターはパーを出しました。")
default:
    break
}
```

`switch`によって変数`cHand`の値を調べ、0の場合、1の場合、2の場合、それぞれの場合に分けて、`show()`ファンクションによって、コンピューターの手を表示します。さっそく動かしてみましょう。自分の選んだ手の下に、コンピューターの手が「コンピューターは○○を出しました。」というように表示されます。

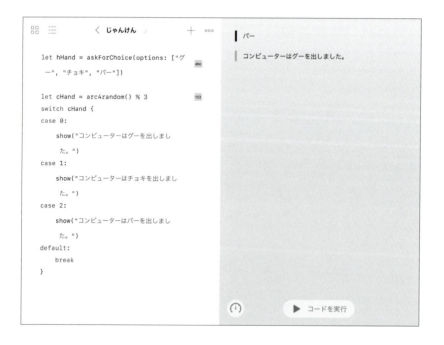

あとは、人間の手とコンピューターの手を比較して、勝ち負けを決めれば良いだけで

す。もちろん、勝敗には法則性があります。グーはチョキより強く、チョキはパーより強く、パーはグーより強いというものですが、これを数式で表すのはちょっと面倒かもしれません。すでに、0がグー、1がチョキ、2がパーと割り振ってありますが、隣同士では、数字が小さいほど強いものの、グーとパーを比べると、数字が大きい方が強かったりするからです。

そこでここでは、また `switch` を使って、場合分けによって勝敗を調べることにします。コンピューターの手を調べるのに使った `switch` とは別の `switch` を新たに書いても良いのですが、プログラムが長くなってしまいます。そこで、コンピューターの手を調べながら、同時に勝敗も決めてしまうことにしましょう。じゃんけんの勝敗には「あいこ」というのもあるので、それも考えて、各 `case` の中に、以下のように書き加えてみました。ある条件が成り立つかどうかを判断する `if` と、成り立たない場合の処理を指定する `else` を使っています。また、この `switch` 文の前には、勝ち負けの判断を表す変数 `win` の定義を加え、最後には `win` の値を表示するための `show()` ファンクションを入れています。

じゃんけんの勝敗を調べる

```
var win = 0

let hHand = askForChoice(options: ["グー", "チョキ", "パー"])

let cHand = arc4random() % 3

switch cHand {
case 0:
    show("コンピューターはグーを出しました。")
    if hHand == "パー" {
        win = 1
    } else if hHand == "チョキ" {
        win = -1
    }
case 1:
    show("コンピューターはチョキを出しました。")
    if hHand == "グー" {
        win = 1
    } else if hHand == "パー" {
        win = -1
```

```
        }
    case 2:
        show("コンピューターはパーを出しました。")
        if hHand == "チョキ" {
            win = 1
        } else if hHand == "グー" {
            win = -1
        }
    default:
        break
    }

    show(win)
```

このプログラムを動かしてみましょう。自分の手を選ぶと、すぐにコンピューターの手が表示され、続けて -1、0、1 のいずれかの数字が表示されます。

```
        show("コンピューターはチョキを出しまし
        た。")
        if hHand == "グー" {
            win = 1
        } else if hHand == "パー" {
            win = -1
        }
    case 2:
        show("コンピューターはパーを出しまし
        た。")
        if hHand == "チョキ" {
            win = 1
        } else if hHand == "グー" {
            win = -1
        }
    default:
        break
    }

    show(win)
```

```
チョキ
コンピューターはグーを出しました。
-1
```

この数字の意味は明らかでしょう。-1 がユーザーの負け、0 があいこ、1 がユーザーの勝ちです。数字ではなく、その意味を表示する方法はいろいろと考えられます。

switch文でもif文でも書けますね。これは自分で考えてみてください。ここでは回答例としてswitch文を使って、勝敗を日本語で表示する機能を追加するプログラムを示します。先のshow(win)の代わりに、以下のプログラムを記述するだけです。

switch文で勝敗を表示する

```
switch win {
case -1:
    show("あなたの負けです。")
case 0:
    show("あいこです。")
case 1:
    show("あなたの勝ちです。")
default:
    break
}
```

この勝敗を日本語で表示した結果は、各自試してみてください。このプログラムも、繰り返しじゃんけんの勝負ができるようにしたり、勝敗の履歴を何勝何敗のように表示するなど、いろいろと手を加えたくなる部分もありますが、ここではこれくらいにしておきましょう。ループを作って、繰り返し実行するプログラムは、次の作例で示すことにします。

4 「数当て」ゲームを作ろう

「対話」テンプレートでは、ほかにもゲームを作れます。次は、ある種の超能力を鍛えるためのゲーム。相手（この場合はコンピューター）が思い浮かべた数字を当てるというものです。

▶「数当て」ゲームとは？

「数当て」ゲームは、相手が思い浮かべた数字を当てるゲームです。数字の範囲はあらかじめ決めておきます。その範囲で予想する数字を言うと、相手はそれが当たっているか外れているかを答えます。もちろん当たればそこで終わりですが、外れた場合は答えがその数より大きいか小さいかだけをヒントとして答えます。それを繰り返して、できるだけ少ない回数で当てるのです。

このルールをプログラムに置き換えて仕組みを考えてみましょう。まずコンピューターが1から100の間のどれかの数（整数）をランダムに決めます。その後、ユーザーに予想する数の入力を促してきます。ユーザーが何か入力すると、コンピューターは自分が決めた数とユーザーが入力した数を比較して、一致していれば正解であることを表示してゲーム終了となります。一致していなければ両者を比較した結果を表示し、再びユーザーに数の入力を促します。これを数が一致するまで繰り返します。このプログラムは、ユーザーが数を当てるまで繰り返し実行しないと意味がありません。そこで、プログラムのある部分を繰り返し実行するという、また新たな機能を使う必要があります。

> ぼく、こういうの当てるの得意なんだよね！

▶ コンピューターが思い浮かべた数を決める

まずは、「対話」のテンプレートから作ったプレイグラウンドに、新しい「数当て」というページを追加して、プログラミングを開始しましょう。

このプログラムでは、まず最初にコンピューターが自分の数を決めます。これも、前の例と同じように乱数によって決めればよさそうです。前の例では、`arc4random()` というファンクションを使って乱数を発生させていました。さらにその範囲を 0、1、2 のどれかになるよう絞り込むために、3 による剰余算を使いました。今回は 1 から 100 の間の数がランダムに得られれば良いので、同じように乱数を発生させた後、100 の剰余算を使うことが考えれます。もちろん、それでも良いのですが、ここではちょっと違った方法を使いましょう。プログラミングに正解は 1 つだけということはないのです。必ず別の方法があるということもプログラミングの大きな特徴の 1 つです。

今回使うのは、`arc4random()` の 1 つのバリエーションですが、`arc4random_uniform()` というファンクションです。これはファンクションに対する引数として数字を与えることで、0 からその数字より 1 つ小さい範囲の乱数を返してくるというものです。例えば、引数として 100 を与えれば、0 から 99 までの整数をランダムに返してきます。つまり引数として与えた数字で剰余算を実行したのと同じことになります。今回は、1 から 100 の間の数が欲しいので、その結果に 1 を加えて、以下のように書くことができます。

1 から 100 までの間で乱数を作る
```
let answer = arc4random_uniform(100) + 1
```

これでユーザーに当てさせる答えが得られました。もちろん、これはまだ表示も何もしません。この `answer` という変数に保存しておくだけです。とりあえず、これだけで動かしてみましょう。

本当？じゃ、わたしの考えている数を当ててみて！

ここでも、Swift Playgrounds の機能を使って変数の値を調べてみると、`answer` という変数に、この場合 48 が入ったのが確かめられます。何度か動かして、数字が 1 から 100 の間に入っていることを確かめてください。

▶ ユーザーに数字を入力させる

次に、ユーザーに数字を入力してもらいます。ここでは小数点付きの数字ではなく、整数を入力してほしいので、「対話」のテンプレートに最初から入っていたプログラムでも使われていた `askForNumber()` が良いでしょう。

ユーザーに数字を入力させる
```
let guess = askForNumber()
```

これで、`guess` という変数に、ユーザーが入力した整数が入ります。ユーザーが入力した数字が 1 から 100 の間に入っているかどうかは特にチェックしませんが、もしその範囲を超えていても決して当たらないというだけで、特に害にはなりません。ここでは、そのチェックは省きます。

▶ 数字を比較する

さて、両方の数字が揃ったので、いよいよそれらを比較します。数字の比較には、すでに登場した `if` ～ `else` を使うのが普通です。この場合、まず両者が一致しているかどうかを調べ、もし一致しない場合には、続いてどちらが大きいかを調べて、それぞれ対応するメッセージを画面に表示します。そのような用途にも、`if` ～ `else` を連続的に書いて対応することができます。こうしたプログラムの動きは、言葉で説明する

「数当て」ゲームを作ろう 2-4

よりも、実際のプログラムを見た方が分かりやすい場合も多々あります。というわけで、まずはプログラムを見てみましょう。

if 〜 else で数字を比較する

```
if answer == guess {
    show(" 正解です！ ")
} else if answer < guess {
    show(" それより小さな数です。")
} else if answer > guess {
    show(" それより大きな数です。")
}
```

ほとんど説明するまでもないと思いますが、2つの数を表す変数 **answer** と **guess** の値が一致していれば「正解です！」、**answer** が **guess** より小さければ「それより小さな数です。」、**answer** が **guess** より大きければ「それより大きな数です。」と表示します。
このプログラムを動かして、何か適当な数を入力して試してみてください。

```
let answer = arc4random_uniform(100) + 1

let guess = askForNumber()

if answer == guess {
    show("正解です！")
} else if answer < guess{
    show("それより小さな数です。")
} else if answer > guess{
    show("それより大きな数です。")
}
```

```
48
それより大きな数です。
```

▶ ループによって当たるまで繰り返す

ここまでのプログラムを動かしてみる前からお気付きかと思いますが、このままでは予想のチャンスも1回だけです。当たる確率も 1/100 なので、ほとんどの場合、ま

ず当たらないでしょう。これだけでは、大きいか小さいかがわかるだけで、それっきりになってしまいます。最初に書いたように、このゲームは、ヒントを頼りに数を当てるまで繰り返すというものです。そのあたりをプログラムで実現しなければなりません。

プログラムで「繰り返し」を実現するには、何らかの「ループ」によって、プログラムの同じ部分を何度も実行するようにするのが普通です。いちばん有名なのは `for` ループというものですが、ここではそれは使いません。`for` ループは、あらかじめ繰り返す回数や範囲がわかっている場合に使いやすいもので、今回のような用途には適していません。その代わり今回は `repeat` ～ `while` というループを使います。

これは `repeat` の後に書いたプログラムの文を、`while` の後ろに書いた条件が成立している間、ずっと繰り返し実行するというものです。`repeat` の後ろの文は `{}` でくくることで、複数の文をまとめて書くことができます。また今回は、ちょっと特殊な使い方になりますが、`while` の後ろにはただ `true` とだけ書くことにします。これでは繰り返すための条件が常に成立していることになるので、いわゆる「永久ループ」になってしまいます。

そのままでは、このプログラムは永遠に終わらず、困ったことになると心配されるかもしれません。ここでは、ユーザーが数を当てたときだけ特別な方法でループを抜け出すことにするので安心してください。それは `break` という文を実行することです。この `break` は、`switch` の中にも出てきましたね。用途は違いますが、意味は「実行を中断する」といった意味で、機能はだいたい同じです。これで、その文を含むいちばん内側のループを抜けることができます。ここではループは 1 つだけなので、`repeat` ～ `while` のループから抜けることができます。

ユーザーが数を入力してから、数を比較する部分のプログラムの前後に `repeat` と `while` を入れて、ループを作ってみましょう。正解だった場合の `break` も忘れずに入れておきましょう。

当たるまでループで処理を繰り返す

```
repeat {
    let guess = askForNumber()

    if answer == guess {
        show("正解です！")
        break
    } else if answer < guess {
```

```
        show("それより小さな数です。")
    } else if answer > guess {
        show("それより大きな数です。")
    }
} while true
```

ここまでできたら、とりあえず動かしてみて、正解するまで繰り返し実行されることを確かめましょう。

```
let answer = arc4random_uniform(100) + 1

repeat {
    let guess = askForNumber()

    if answer == guess {
        show("正解です！")
        break
    } else if answer < guess{
        show("それより小さな数です。")
    } else if answer > guess{
        show("それより大きな数です。")
    }
} while true
```

```
50
それより小さな数です。
25
それより小さな数です。
12
それより小さな数です。
6
それより小さな数です。
3
それより大きな数です。
5
それより小さな数です。
4
正解です！
```

この例では7回目で当たっていますね。まずまず平均的なところでしょうか。

▶ 何回で当たったかを表示する

しかし、これでは何回目に当たったのか、ユーザーが数えないとわかりません。それでは不便で、ゲームとしても盛り上がりません。そこで、そのあたりもプログラムによってカウントできるようにしましょう。

まず回数をカウントするための変数 `times` を用意して、初期値を1とします。そして

外れた場合にだけ、その変数の値を 1 増やします。変数の値を増やすには、`+=` という特殊な演算子が使えます。変数 `times` の値は、当たったときに、何回目で当たったかを表示するのに使います。

ここで `show()` ファンクションを使って変数の値を表示するためには、少し工夫が必要です。このファンクションは文字列を表示するものなので、そのままでは整数を表す変数 `times` の値を表示できません。そこで、Swift ならではの書き方になりますが、文字列の中に変数の値を埋め込む方法を使います。それは `\`（バックスラッシュ）に続けて `()` を書いて、その括弧の中に文字列に変換したい変数の名前を書くというものです。この場合には `\(times)` のように書くことができます。

ついでにプログラムの先頭で、1 〜 100 の数を当てるゲームだということも明示することにしましょう。プログラム全体を以下に示します。

数当てゲーム

```
show("数 (1〜100) を当ててください")

let answer = arc4random_uniform(100) + 1

var times = 1

repeat {
    let guess = askForNumber()
    
    if answer == guess {
        show("正解です！")
        show("\(times) 回目で当たりました。")
        break
    } else if answer < guess {
        show("それより小さな数です。")
    } else if answer > guess {
        show("それより大きな数です。")
    }
    times += 1
} while true
```

これを動かすと、今度は当たった場合に、何回目で当たったかを教えてくれるようになりました。

ちょっとしたことですが、これでゲームとしての完成度も少し上がったと感じられるでしょう。

5 「サイコロ」ゲームを作ろう

「対話」テンプレートを使ったプログラムの作例として、さらにゲーム性の高いものを考えてみましょう。日本に古来からある「丁半博打」をゲームとして再現してみます。

▶ 丁半博打はどんなゲーム？

丁半博打とは、2つのサイコロの目の合計の数字が奇数か偶数かを当てて、もし当たったら掛けたのと同じ金額が支払われ、外れたら掛け金は没収されるというものです。実際にお金を掛けると賭博罪になってしまうかもしれないので、ここではコンピューターの中の仮想の金額を扱います。最初の金額はいくらでも良いのですが、ここでは1,000円から始めることにします。掛け金を設定してから、その後のサイコロの目を予想して「丁」か「半」かを決めます。ちなみに「丁」は偶数を、「半」は奇数を表します。

サイコロを2つ振ると、いちばん小さな目は1が2つの場合で2の丁、最大は6が2つで12の丁になります。それだけを見ると、もしかして半より丁の場合がちょっとだけ多いのではないかとも思えますが、そんなことはありません。片方のサイコロの6つの目×もう1つのサイコロの6つの目の、合計36通りを考えてみると、丁と半は同じ数だとわかるでしょう。

まずは「対話」テンプレートから作ったプレイグラウンドに、新しい「丁半博打」というページを追加して、プログラミングを開始しましょう。

▶ サイコロを2つ振って、目の合計を求める

掛け金の扱いは後回しにして、とりあえず、2つのサイコロを振って目の合計を計算し、それが丁か半かを求めるプログラムから始めましょう。

サイコロを振るという行為は、コンピューターの処理としては、1から6の間の整数をランダムに生成する、ということで表現できます。それなら、これまでに出てきたじゃんけんの手を決める処理とほとんど同じですね。具体的に言うと、3が6になるだけです。ただし、じゃんけんでは、0、1、2のいずれかの数を求めていたのに対し、サイコロは0ではなく1から始まるので、そこだけ注意しなければなりません。

2つのサイコロを振って、その目の合計を求めるのは、単純な足し算なので問題ないでしょう。その合計値が奇数か偶数かを調べるには、どうすれば良いでしょうか。実はここでも剰余算が使えます。奇数か偶数かの定義は、2で割り切れるかどうかですね。言い換えれば、2で割ってあまりがゼロかゼロではないのか調べる、ということになります。

それでは、ここまでの処理をプログラムに書き下ろしてみましょう。だいたい以下のようになります。

丁か半かを求めるプログラム
```
let dice1 = arc4random_uniform(6) + 1
let dice2 = arc4random_uniform(6) + 1

let result = (dice1 + dice2) % 2 == 0 ? "丁" : "半"

show("\(dice1), \(dice2), \(result)")
```

ここで、これまでにない新しい書き方が1つ登場しています。2つの目の合計(`dice1 + dice2`)に対して、2の剰余算を実行して余りが0かどうかを調べている部分です。その部分だけを、もう一度書いてみましょう。

丁か半かを求める部分
```
(dice1 + dice2) % 2 == 0 ? "丁" : "半"
```

この例では、0かどうかを調べる `== 0` の後ろに `? "丁" : "半"` という見慣れない

書き方が続いています。これを日本語に直すと、「もしそうなら"丁"、そうでなければ"半"」ということになります。つまり、サイコロの目の合計を 2 で割った余りが 0 なら「丁」、0 でなければ「半」という文字列が、この部分の値になります。上のプログラムでは、そのどちらかの文字列が、`result` という変数に代入されるのです。

まだちょっと納得できないという人のために、この部分を `if 〜 else` を使って書き換えてみましょう。

if 〜 else で書き替える

```
var result = ""
if (dice1 + dice2) % 2 == 0 {
    result = "丁"
} else {
    result = "半"
}
```

最初は、この書き方の方がわかりやすく感じるかもしれません。しかし、上の例ではたった 1 行で無理なく書けるところが、`if 〜 else` では、`{}` も入れれば 6 行になってしまっていますね。

この **?** と **:** は、組み合わせて「**三項演算子**」と呼ばれています。**?** の前に書いた条件の真偽を調べ、それが真なら **:** の前の値、偽なら **:** の後ろの値を採用するというものです。この例のように、条件によって 2 つのうちのどちらかの値を変数に代入する、というような場合によく使われます。慣れないと読みにくいと思いますが、プログラムが短くできるという大きなメリットがあります。

このプログラムを実行すると、ランダムに決めた 2 つのサイコロの目と、その合計が「丁」か「半」かを表示します。

```
          < サイコロ >                    4, 1, 半

  let dice1 = arc4random_uniform(6) + 1   123
  let dice2 = arc4random_uniform(6) + 1   123

  let result = (dice1 + dice2) % 2 ==     abc
  0 ? "丁" : "半"

  show("\(dice1), \(dice2), \(result)")
```

⬆ プログラムを実行すると、「4, 1, 半」と表示されました。

▶ 掛け金を入力する

もっとも基本となる部分ができたので、徐々にゲームとしての体裁を整えていきましょう。まずは掛け金を入力する部分です。実際には最初に所持金を設定し、それをユーザーに表示してから、その範囲で掛け金を入力できるようにします。ここでは、もし、ユーザーが手持ちの金額以上の掛け金を入力しようとした場合にどうするかがポイントとなります。その部分だけ、これまでに出てこなかった書き方が登場します。さっそく、そこまでの部分をプログラムにしてみましょう。

掛け金を設定する

```
var total = 1000

show("所持金は\(total)円です。")
show("いくら掛けますか？")
var bet = askForNumber()
while bet > total {
    show("所持金の範囲で掛けましょう！")
    bet = askForNumber()
}
```

まず最初に `total` という変数に所持金の初期値として「1000」を設定しています。次に `show()` ファンクションを使って、その所持金を「所持金は xxx 円です。」のように表示します。さらに「いくら掛けますか？」とユーザーに問い合わせます。その後、`askForNumter()` ファンクションを使って、入力された金額の数字を変数 `bet` に入れています。

さて、その次が問題です。ユーザーが入力した掛け金の額が、その時点での所持金よりも多かったら、ゲームを続行することができません。そこで `while` という、一種の繰り返し機能を使って、掛け金と所持金の大小を判断し、掛け金が所持金よりも多い場合は、ユーザーに「所持金の範囲で掛けましょう！」というメッセージを表示して、もう一度掛け金を入力してもらいます。

ここでの `while` は、`while 条件式 { 条件式が成立する際に実行する文 }` のように書くことで、この条件式が成立している間、ずっと `{}` の中のプログラムを実行し続けます。この場合、掛け金が所持金より多ければ、何度でもユーザーに入力し直してもらうことになります。

この while という語は、以前にも repeat 〜 while のループで出てきました。ちょっと混乱しやすいかもしれませんが、同じ繰り返し処理でも、実行のしかたがちょっと異なります。repeat 〜 while の場合、条件には関わらず必ず 1 回は実行するのに対して、この while 単独のループでは、条件が合わなければ 1 度も実行しないという大きな違いがあります。

まだプログラムは途中ですが、とりあえずここまでで実行してみましょう。はじめにわざと所持金よりも多い金額を入力して、動作を確かめます。その後、所持金の範囲の掛け金を入力すると、プログラムは進んで、上で入力したサイコロを振る部分のプログラムが実行されます。

⬆ 所持金より多い掛け金を入力すると、再入力を求められます。

▶ 丁か半かを入力する

掛け金の入力がすんだら、次はユーザーに「丁」か「半」かを入力してもらいます。ここでは、以前にじゃんけんの手を入力するのに使った askForChoice() ファンク

ションが使えるでしょう。ここは特に問題もないので、さっとプログラムにしてしまいます。

「丁」か「半」を選ばせる
```
show("丁か半か？")
let sel = askForChoice(options: ["丁", "半"])
```

まずは `show()` を使って、「丁か半か？」というメッセージを表示してから、`askForChoice()` で「丁」か「半」を選んでもらっています。この部分は、とりあえず実行してみるまでもないので、動作は後で確認するとして、先に進みます。

▶ 当たり外れを判断して所持金を調整する

解説の順番は逆になりましたが、ユーザーが「丁」か「半」かを入力した後で、プログラムは最初に示したサイコロを振る段階に進みます。ここからは、サイコロを振り終わって、目が「丁」か「半」か決まった後の処理となります。ユーザーの予想とサイコロの結果が一致しているかどうかを調べ、一致していたら掛け金と同じ額を元の所持金に加えます。一致していなければ所持金から掛け金の額を差し引きます。

ユーザーの予想とサイコロの結果が一致しているかどうかは、「丁」と「半」の文字列を直接比較してしまいます。文字列同士の一致も `==` で判断できるので、その処理は簡単です。これまでに何度も出てきてた `if` ～ `else` を使いましょう。

```
if sel == result {
    total += bet
} else {
    total -= bet
}
```

所持金の範囲で掛けるまで、先には進めないんだね

とりあえず、ここまでで動かしてみましょう。

```
        show("所持金の範囲で掛けましょう！")
        bet = askForNumber()
    }

    show("丁か半か？")
    var sel = askForChoice(options: ["丁",
    "半"])

    let dice1 = arc4random_uniform(6) + 1
    let dice2 = arc4random_uniform(6) + 1

    let result = (dice1 + dice2) % 2 ==
    0 ? "丁" : "半"

    show("\(dice1), \(dice2), \(result)")

    if sel == result {
        total += bet
    } else {
        total -= bet
    }
```

```
所持金は1000円です。
いくら掛けますか？
500
丁か半か？
半
2, 1, 半
1500
```

　この状態では、金額の入力、「丁」「半」の選択、サイコロを振る動作、当たり外れに応じた所持金の調整という一連の動作が、まだ1回しか動きません。また、所持金を調整した後の金額を表示する機能も付けていないので、結果が出た後の所持金の額は、Swift Playgroundsのデバッグ機能で確かめなければなりません。それでも、ここまでの動作が思った通りになっているかどうかは判断できるはずです。正しく動いているようなら、次は所持金がゼロにならない限り、何度でも掛けられるようにします。

▶ ループを使って何度も掛けられるようにする

　このプログラムには、すでに1つのループがあります。ユーザーが掛け金を所持金の範囲で入力したかどうかを判断し、そうなるまで何度でも入力させるためのループでした。それはそのまま置いておいて、さらにその外側にもう1つのループを設定します。1000円の所持金でゲームを始めてから、所持金がゼロになるまで、何度でも遊べるようにするためのループです。

ループの種類は、所持金のチェックと同じ while でよさそうです。今書いたように、所持金がゼロより大きい間だけ繰り返せば良いので、ループの条件は簡単で、total > 0 とするだけで良いでしょう。これまでに書いたプログラムを、このループの中に入れてしまえば良いのです。ただし、最初に所持金を 1,000 円に設定する部分だけは、新しいループの前に置きます。そうしないと、いつまで経っても所持金は 1,000 円のまま変わらないことになってしまうからです。これまでに書いたプログラムの部分を省略して書くと、以下のように形になります。

所持金がゼロになるまで繰り返す

```
var total = 1000

while total > 0 {
    // これまでのプログラム
}
```

これまでに書いた部分の、所持金の最初の設定を除く部分の先頭には、所持金の額を表示する部分もあったので、それがループの先頭で実行されます。上の段階では課題だった所持金額の表示の問題も、ループにしたことによって解決します。出た目の表示の部分を少していねいにし、さらに所持金がゼロになったときのゲームオーバーの表示を加えたプログラム全体を示します。

丁半博打のプログラム

```
var total = 1000

while total > 0 {
    show("所持金は \(total) 円です。")
    show("いくら掛けますか？")
    var bet = askForNumber()
    while bet > total {
        show("所持金の範囲で掛けましょう！")
        bet = askForNumber()
    }
    
    show("丁か半か？")
    var sel = askForChoice(options: ["丁", "半"])
```

```
    let dice1 = arc4random_uniform(6) + 1
    let dice2 = arc4random_uniform(6) + 1

    let result = (dice1 + dice2) % 2 == 0 ? "丁" : "半"

    show("\(dice1)、\(dice2)の\(result)です。")

    if sel == result {
        total += bet
    } else {
        total -= bet
    }
}

show("ゲームオーバーです。")
```

少し遊んでみましょう。単に2つのサイコロの目の合計の合計が奇数か偶数かを当てるだけでは、ゲームとして物足りないのですが、たとえ仮想的なものでも、お金が絡むと急にゲーム性が高くなったような気がするから不思議なものです。

CHAPTER 3

「図形」テンプレートを使ったプログラミング

CHAPTER 3 「図形」テンプレートを使ったプログラミング

1 「図形」テンプレートの使い方

Swift Playgroundsに最初から用意されているプレイグラウンドのテンプレートの中で、前のCHAPTERで使った「対話」に代えて、ちょっと性格の異なる「図形」を使っていきます。

▶「図形」テンプレートとは

「対話」では、文字列によってユーザーに情報を表示したり、逆にユーザーから文字列や数字などを入力してもらうことで、ユーザーとコンピューターが対話するプログラムを作ることができました。ただし、その表現は文字に限られていました。

それに対して「図形」では、かなり自由度の高いグラフィックを描くことができます。ただし、「対話」では簡単に使えたユーザーからの入力機能はありません。それでも、使い方によっては普通のスマホアプリに近いような見栄えのプログラムを作成することも可能です。

まずは、「対話」の場合と同じように「図形」テンプレートを選んで、新しいプレイグラウンドを作成します。このテンプレートから作ったプレイグラウンドにも、4種類の簡単なサンプルプログラムが、4ページにわたってあらかじめ入力されています。それらを使って何かをするということはないのですが、これから作っていくオリジナルのプログラムのヒントになる部分もあるので、簡単にひと通り確認しておきましょう。

絵が動くと、ぐっと面白くなるぞ

2 「キャンバス」のプログラムを見てみよう

最初のページには、「キャンバス」というタイトルが付けられています。そこにあるたった2行のプログラムには、どんなことが書かれているのでしょうか。

▶ クラスからオブジェクトを作る

「図形」テンプレートの1ページ目「キャンバス」には、次のようなプログラムが記述されています。

```
let circle = Circle()
circle.draggable = true
```

「図形」テンプレートから作ったプレイグラウンドの最初のページなので、ちょっと注意して見てみましょう。1行目は、次のようになっています。

キャンバス：1行目
```
let circle = Circle()
```

これまでに学んだことから類推すると、これは `Circle()` というファンクションを呼び出して、それが返す値を circle という**定数**（値を変更できない一種の変数）に代入しているように見えるでしょう。たしかに形はそうなっていますし、プログラムの動きとしては、それほど大きくは変わらないのですが、それでは正解ではありません。違いはわずかなようにも思えますが、実は大きく意味が異なります。

注意してほしいのは、一見ファンクションのように見える`Circle()`の先頭の**C**が大文字になっていることです。基本的に**Swiftのファンクションの名前は、すべて小文字で始まる**ことになっています。「そんなの名前の付け方だけの問題だろう」と思われるかもしれませんが、実はSwiftでは先頭の大文字には重要な意味があるのです。それは、これはファンクションの名前ではなく、**クラス**の名前だということです。

Swiftのようなオブジェクト指向言語では、クラスは**オブジェクト**を作成するためのテンプレートのような働きをします。ちょうど「対話」や「図形」のテンプレートから、それぞれのプレイグラウンドを作成するようなものです。ここでは、テンプレートがクラス、プレイグラウンドがオブジェクトに対応しています。テンプレートは、そのままでは使うことができませんが、そこから作ったプレイグラウンドなら、その中のページに書かれたプログラムを動かしてみることができます。それと同様に、クラスのままでは機能しないものも、そこからオブジェクトを作ることで使えるようになります。

実は、1行目の文は、`Circle`というクラスから作ったオブジェクトを、`circle`という定数に代入するという意味を持っていたのです。クラスからオブジェクトを作る際には、このようにクラス名をあたかもファンクション名のように扱って、後ろに`()`を付ける決まりになっています。それによって、そのクラスに備わった、新しいオブジェクトを作成する機能を呼び出しているのです。

クラスとオブジェクトの関係や、そもそもオブジェクトとは何かということは、まだよくわからないかもしれませんが、それは実際にそれらを使っているうちに、だんだんわかってくるので心配しないでください。

▶ オブジェクトをドラッグできるようにする

さて、これでとにかく`Circle`クラスのオブジェクト`circle`ができました。そのオブジェクトに対して何かをしているのが次の行です。この行も、これまでに見かけなかったような書き方になっています。

キャンバス：2行目
```
circle.draggable = true
```

答えを最初に言ってしまいましょう。これは、`circle`というオブジェクトの

draggable というプロパティの値を true に設定しているのです。Swift のオブジェクトは、いろいろな性質を備えていますが、その性質にオブジェクトの外からアクセスできるようにするのが、プロパティの役割です。つまり、プロパティを使って、オブジェクトの性質を調べたり、逆に性質を変更したりすることができます。

この 1 行の意味をもう一度繰り返すと、Circle というクラスから作った circle というオブジェクトの持つ draggable というプロパティを、true に設定しています。それによって、この circle オブジェクトを、ユーザーが画面上でドラッグできるように設定しているのです。すぐ後で見るように、この circle オブジェクトは、画面に表示される円のグラフィックそのものです。その円のグラフィックをユーザーが指でドラッグして位置を移動できるようにする、というのが、この draggable プロパティの役割です。それを true に設定するということは、その機能を有効にするという意味です。逆に false に設定すれば、その機能は無効になります。

▶ プログラムを実行する

説明ばかりでは気が滅入るので、そろそろ実際にプログラムを動かしてみましょう。

⬆「キャンバス」プログラムを実行すると、青い円が表示されます。

最初は、青い円が、プレイグラウンド画面の右半分のちょうど真ん中に表示されます。上で説明したように、この円はドラッグ可能なので、指でドラッグして画面の右半分の領域の中を自由に移動させることができます。

このプログラムの動きをもう一度確認すると、1 行目で円を描き、2 行目でその円をドラッグ可能に設定しています。ということは、このプログラムの 2 行目を削除してしまっても、円を描くことができます。2 行目を削除するとドラッグできなくなるだ

けで、円としては同じものが描かれます。実際に 2 行目を削除して試してみてください。あるいは、`draggable` プロパティの値を `false` に設定しても結果は同じです。なお、`Circle` クラスから作ったオブジェクトは、他にもいろいろなプロパティを備えています。たとえば、円の色や直径、最初に表示される位置なども、すべてプロパティとなっているので、プログラムによって調べたり変更したりすることができます。それについては、この CHAPTER 以降でおいおい明らかにしていきます。

3 「作成」のプログラムを見てみよう

今度は「図形」テンプレートの2ページ目「作成」のプログラムを見てみましょう。ここには、円や長方形、直線、文字列、画像など、図形を作るためのプログラムが書かれています。

▶「作成」ページを開く

「図形」のテンプレートから作成したプレイグラウンドの最初のページ「キャンバス」から、ページをめくって次のページを開くと、「作成」というページが現れます。この名前も意味が広くてなんだかわかりにくいような気がしますが、要するにいろいろな図形をこの場で作成するプログラムが書かれているという意味です。

このページで作成するのは、すでに前のページで見た円を描く `Circle`、長方形を描く `Rectangle`、直線を描く `Line`、文字列を描く `Text`、画像を描く `Image`、の各クラスから作るオブジェクトとしての図形です。ここでも、まずそれらのクラスからオブジェクトを作成して適当な定数に代入し、その定数の表すオブジェクトのさまざまなプロパティを変更することで、描いた図形に変化を付けています。

長方形をかくクラスや、直線をかくクラス……いろいろあるのね！使い方が知りたいわ！

まずは、このページのプログラムがどんなものなのか、動かして確認しておきましょう。

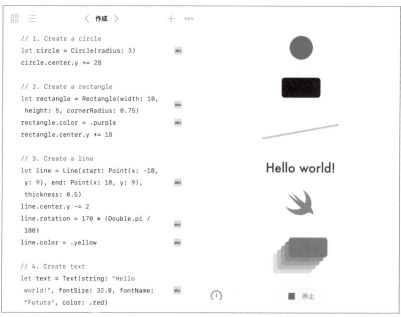

⬆ プログラムを実行すると、右側の図形が表示されます。

画面の左半分に書かれたプログラムの順番通りに、画面の右半分には、円、長方形、直線、文字列、画像、そしてすこしずつ色の異なる複数の重なった長方形が描かれました。プログラム自体は1画面に収まっていないのですが、画面の左側だけ独立してスクロールできるので、上にスクロールして下の方のプログラムも確認してみてください。まだ説明していないクラスがたくさん出てきますが、それらの名前から想像すれば、プログラムと実際に描かれるグラフィックの対応もなんとなくわかるでしょう。テンプレートに含まれるプログラムについては、参考までに紹介しているだけなので、ここで詳しく解説するつもりはありません。しかし、このプログラムの中には、この後でオリジナルのプログラムを書いていく際にも使う、基本的な内容が含まれています。ここでは、その部分のプログラムをピックアップして簡単に解説しておきます。

▶ 引数を指定して関数を呼び出す

まず最初に円を描く `Circle` ですが、1 ページ目のプログラムとは書き方がちょっと違っています。

「作成」プログラム：円を作成
```
let circle = Circle(radius: 3)
```

この例では、クラス名の後ろの `()` の中に、`radius: 3` というファンクションの引数のような指定が入っています。これは、クラスからオブジェクトを作る際に、そのプロパティの 1 つ `radius` を同時に設定しているのです。この `Circle` クラスの場合、`radius` は円の半径を表しています。そのため、これによって最初から半径が 3 の円が描かれます。

その下の図形、長方形の場合には、同時に 3 つのプロパティを指定して、`Rectangle` クラスのオブジェクト `rectangle` を作成しています。

「作成」プログラム：長方形を作成
```
let rectangle = Rectangle(width: 10, height: 5, cornerRadius: 0.75)
```

これも、円の場合とまったく同様に、`Rectangle` クラスのオブジェクトに含まれる `width`、`height`、`cornerRadius` という 3 つのプロパティの値を一度に設定しながらオブジェクトを作成しています。`Rectangle` クラスの `width` プロジェクトは長方形の幅、`height` は高さ、`cornerRadius` は角の丸みを表しています。

なお、オブジェクトを作る際に、なんでも好きなプロパティを同時に設定できるわけではありません。設定できるのは、それぞれのクラスが、オブジェクト作成のために用意している内部のファンクションがサポートしているものだけです。たとえば、`Rectangle` クラスの場合、オブジェクトを作る際に、同時に色を設定できるわけではありません。そこで、その後改めて、オブジェクトの `color` プロパティの値を変更する形で、色を設定しているのです。

▶ 作成したオブジェクトにプロパティを設定する

少し戻って、Circle クラスのオブジェクトを作った後、そのオブジェクトに対してプロパティを設定している部分を見てみましょう。

「作成」プログラム：円の y 座標を変更する
```
circle.center.y += 28
```

またまた見慣れない記述が登場してしまいました。circle オブジェクトのプロパティとして center があるのは分かるのですが、そこにさらに .y が付いていて、この行の式の左辺には . が 2 つも含まれています。これは、circle のプロパティの center もまたオブジェクトで、その center というオブジェクトのプロパティとして y があることを意味しています。ここでの center というオブジェクトは、円の中心の座標を表しています。この座標は 2 次元座標なので、横方向の位置を表す x 座標と、縦方向の位置を表す y 座標という 2 つのプロパティを持っているのです。ここでは、そのうちの y 座標、つまり縦（上下）方向の位置だけを設定していることになります。

ここでは、そのプロパティの値の設定方法も、ちょっと見慣れない書き方になっているかもしれません。前の CHAPTER では、変数の値を 1 だけ増やすために += 1 という書き方をしたのを憶えているでしょうか。これもそれと同じです。+= 28 と書くことで、元の値に対して一気に 28 だけ増やしているのです。このように center の y プロパティの値を増やすということは、縦方向の位置を上にずらすことを意味しています。そのため、この円は中心から上の方の位置に表示されているわけです。

このページの残りの部分のプログラムも、パターンとしてはだいたい同じですが、いくつか説明を加えておきたいことがあります。

1 つは、直線を描く Line クラスのオブジェクト line に直接設定している rotation プロパティについてです。これは、図形を回転させるためのプロパティで、回転の角度はラジアンで指定します。ラジアンというのは、円周率 π の 2 倍で 1 周、つまり 360 度を表す角度の単位です。Line クラスのオブジェクト line の角度を指定している部分は、以下のようになっています。

「作成」プログラム：直線の角度を指定する

```
line.rotation = 170 * (Double.pi / 180)
```

ちょっと回りくどい書き方に見えるかもしれませんが、これで回転角度を170度に設定しています。170度をラジアンで指定するために、`(Double.pi / 180)`を掛けているのです。そう、この中の`Double.pi`という部分がπを表しているのです。これだけで、3.141592653…と無限に書いたのと、ほぼ同じ意味になります。要するに (Double.pi / 180) が「1度」を表すと考えても良いでしょう。あるいは、角度を「度」で指定する場合には、角度を表す数字に (Double.pi / 180) を掛ければ良い、と覚えておいても間違いではありません。

もう1つは、P.72の図には見えていませんが、色が少しずつ変化する複数の長方形を描く部分でのループの作り方です。その部分では、本書ではまだ登場していなかった`for`ループが使われています。本書のCHAPTER 1では、`for`ループは、あらかじめ決まった回数だけ繰り返すのに適していると述べました。この場合がまさにそれで、色と位置を徐々に変化させながら、全部で5つの長方形を描いています。この`for`ループについては、後のCHAPTERでも出てくるので、そのときに改めて説明することにします。

Double.pi = π を180で割って、1度のときのラジアンを出すんですね

普段使っている90度や180度と同じように、ラジアンも角度を表す単位なのじゃ。
ラジアンで角度を指定するには、まず「1度」のときのラジアンの値を出す。そして、そのラジアンの値を、「傾けたい角度」に掛けるのじゃよ。

4 「タッチ」のプログラムを見てみよう

次に、3ページ目の「タッチ」を開いてみましょう。このページの名前から想像すると、このプログラムはタッチ操作に関係がありそうです。どのような操作ができるのでしょうか。

▶ どんなタッチ操作ができるようになる？

1ページ目の「キャンバス」のプログラムでは、`Circle`クラスのオブジェクトの`draggable`属性を`true`に設定することで、図をドラッグして移動することができました。それも一種のタッチ操作ですが、ドラッグしかできず、動作をカスタマイズすることはできませんでした。

右のページのような、タッチ操作に対する対処の方法を使うと、ユーザーが図形にタッチしたことをプログラムで知ることができます。それによって、ユーザーの操作に対して、好きなようにプログラムを実行することができます。つまり、ユーザーへの応答を完全にカスタマイズできるのです。

> 丸が動くだけでもすごいのに、もっといろいろなこともできるの！？

論より証拠ということで、まずは実際に動かして、その意味を確かめてみましょう。

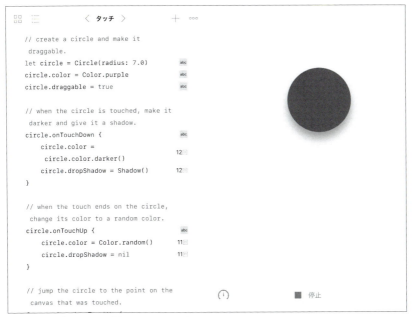

↑「タッチ」プログラムを実行してみましょう。

このプログラムを実行すると、最初は何の変哲もないように見える大きめの紫色の円が、画面の右半分の領域の真ん中に表示されます。ここまでは、プログラムも、その動作も 1 ページ目のものとたいして変わりません。実際のところ、円の半径を 7.0 に設定し、色を紫（purple）に設定していること以外は、1 ページのプログラムと同じ部分しか動いていないのです。

▶ イベントが発生したらプログラムを実行する

ところが、この紫の円にタッチすると様子が変わります。まず、その場で円の直径が大きくなると当時に、色が少し濃くなります。さらに円の周囲には、陰のようなものまで付きます。これは、ユーザーが円に触ると自動的に動き出すように設定された、以下のようなプログラムが書かれているからです。

「タッチ」プログラム：タッチしたときに行う動作
```
circle.onTouchDown {
    circle.color = circle.color.darker()
    circle.dropShadow = Shadow()
}
```

このプログラムは、`circle` というオブジェクトに対する**イベント**に応答するものです。ここで言うイベントとは、コンピューターの内部や外部で発生する、なんらかの出来事のことです。たとえば、パソコンなら、ユーザーがキーボードのキーを押したとか、マウスを動かしたとか、画面に表示されたボタンを押したといったことは、わかりやすい外部のイベントです。

コンピューターの内部で発生するイベントもあります。たとえば、プログラムが設定したタイマーの時間が終わって、残り時間がゼロになった、といったこともイベントです。この例のイベントは、ユーザーが iPad の画面に触れたとき、その位置がちょうど `circle` オブジェクトが表している図形（この場合は円）の上だった場合に発生します。

ユーザーが画面に触れるというイベントにも、実はいろいろな種類がありますが、ここで問題にしているのは、**タッチダウン**です。つまりユーザーが画面に指を触れたことを示すもので、触れたとたんに発生します。その後で、ユーザーは画面に触れた指を動かすかもしれないし、そのうちに間違いなく画面から指を離すはずです。それらの動作はまた別のイベントとなります。

このタッチダウンイベントに対する処理の書き方は、`circle` オブジェクトのプロパティとはちょっと違うのですが、オブジェクトの名前の後ろに . （ドット）を付けてから `onTouchDown` と書いて、さらにその後ろの `{}` の中にプログラムを書くと、タッチダウンが起こったとき、そのプログラムを実行することになっています。

このプログラムで実行していること

ここでは、円の色をちょっと暗くするために、`circle` オブジェクトのプロパティ `color` に、その元の色を暗くした色を代入しています。その方法は、これまでに出てこなかったものです。新しく `color` プロパティに代入しているのは、`circle.color.darker()` というものです。これを日本語で読み下すと、`circle` オブジェクトの `color` プロパティの、`darker()` という**メソッド**を呼び出す、ということになります。メソッドは、一種のファンクションなのですが、ここではオブジェクトに含まれているファンクションはメソッドと呼ぶ、と理解しておいてください。その結果、円の色は、`darker()` というメソッドが返した値（色）になります。このメソッドは、元の色をちょっと暗くした色を返します。

もう1つは、`circle` オブジェクトの `dropShadow` というプロパティに、`Shadow` クラスのオブジェクトを作って代入しています。これは、円の形や大きさに合わせた陰を表すオブジェクトで、このように書くだけで円に陰を付けることができます。

何か忘れているのではないかと思われるかもしれません。そう、円にタッチすることで、円の直径が大きくなったのはどういうわけだという疑問が残されています。実は、円の直径が大きくなるのは、1ページのプログラムでも同じでした。それは `draggable` プロパティを `true` に設定した図形に共通する性質です。つまりタッチダウンというイベントの処理には関係なく、その性質のために勝手に大きくなっているのです。

タッチダウン以外のイベントとしては、このプログラムの中に**タッチアップ**に対する処理も書かれています。これは、ユーザーが画面から指を離した際に自動的に実行されるプログラムです。この場合は、`circle` オブジェクトについてのタッチアップイベントとなるので、ユーザーが円に触れていた指を画面から離すと同時に呼び出されます。

「タッチ」プログラム：円に触れた指を離したときに行う動作

```
circle.onTouchUp {
    circle.color = Color.random()
    circle.dropShadow = nil
}
```

ここでも、円の色と陰に関して設定している点では、上のタッチダウンの場合と同じですが、当然ながら設定している内容は違います。しかも、その書き方が、これまでに見たことのないものになっています。

まず色ですが、ここで `circle` オブジェクトの `color` プロパティに設定しているのは、`Color.random()` です。意味はなんとなくわかるでしょう。これでランダムな色が設定できます。しかし、この部分をよく見ると疑問がわいてくるでしょう。`Color` の先頭が大文字になっているということは、これはオブジェクトではなくクラスのようです。ということは、`random()` というファンクションは、P.79 で説明したメソッド（**オブジェクト**に含まれている**ファンクション**）ではないのでしょうか。実はこれも立派なメソッドなのですが、オブジェクトに含まれているわけではありません。これはクラスに含まれているメソッドで、**クラスメソッド**と呼ばれるものです。簡単に言えばクラスからオブジェクトを作らなくても、いつでも使えるメソッドということになります。

もう 1 つ、陰のほうですが、今度は `circle` オブジェクトの `dropShadow` プロパティに、`nil` という値を代入しています。この `nil` というのは、Swift 言語にとって特別な値で、**何もない**ことを表しています。その値の効果は、それをどこで使うかによって異なりますが、`dropShadow` プロパティに設定すると、陰を消して、元の影がない状態に戻す効果があります。

このプログラムに記述されている、あと 1 つのイベントは、実は円のオブジェクトに対するものではありません。その部分のプログラムを抜き出して見てみましょう。

「タッチ」プログラム：キャンバスに触れた指を離したときの動作

```
Canvas.shared.onTouchUp {
    circle.center = Canvas.shared.currentTouchPoints.first!
    circle.dropShadow = Shadow()
}
```

これは、ユーザーが円ではなく、画面の何もないところに触った（正確には触った指を離した）ときに発生するイベントに対応するものです。動きとしては、触ったその場所に円を移動し、さらに円に陰を付けます。動作の後半の円に影を付けるところはすでに出てきました。繰り返すと、円オブジェクト `circle` の `dropShadow` プロパティに、`Shadow` クラスのオブジェクトを作成して代入しています。

▶ 触った場所に円を移動する方法

前半の、触った場所に円を移動するというのは、どうやっているのでしょうか。まず、円の位置を移動するというだけなら、すでに出てきましたね。円の中心座標を表すプロパティ `center` の値を設定するというものです。以前は、元の円の位置を移動するというものでしたが、ここではユーザーが画面にタッチした位置に直接移動します。そのためには、ユーザーがタッチした位置を座標として知る必要があります。それが、ここで右辺に書いている、`Canvas.shared.currentTouchPoints.first!` なのです。これでどうやってユーザーがタッチした場所がわかるのかについては、この場で細かい説明をすることはやめておきます。画面の何もないところに触れた場合の処理は、実際のゲームプログラミングに登場するので、そちらで改めて説明することにします。1 つだけヒントを出しておきましょう。このユーザーのタッチ操作は、マルチタッチに対応しています。そのため、ここではユーザーのタッチ操作のうち、最初に画面に触れた指の位置を検出しています。それが `first` なのです。

CHAPTER 3 「図形」テンプレートを使ったプログラミング >>>

5 「アニメート」のプログラムを見てみよう

「アニメート」ページでは、図形にアニメーション機能を加えるサンプルプログラムが記述されています。アニメーションは、ゲームらしさを演出する上で効果的な要素です。

▶ 図形にアニメーション機能を加える

「図形」テンプレートから作成したプレイグラウンドの最後の4ページ目は「アニメート」というタイトルになっています。これは、**アニメ化する**という意味で、簡単に言えば図形を自動的に動かすアニメーション機能を加えるというものです。

ただし、このプログラムで描いている図形は、短めの直線1本だけです。それ以外には、文字列が2つ描かれますが、それらの文字列にユーザーがタッチすることで、直線を時計方向と反時計方向に一定角度ずつ回転させる、というのがこのページで実現しているアニメーションです。

ぼくにも、羽が生えるとか、うしろで爆発するとか、何かかっこいいアニメーションがつかないかな……

3-5 「アニメート」のプログラムを見てみよう

どのように図形がアニメーションするか、プログラムを実行して確かめてみましょう。

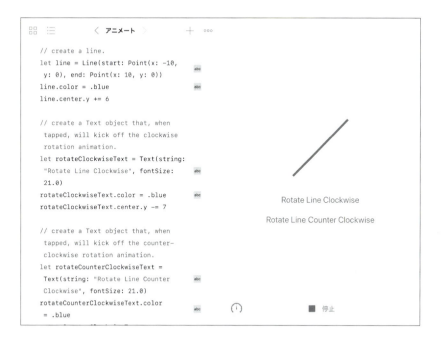

なんだそれだけか、と思われるかもしれませんが、このプログラムは、「図形」テンプレートが実現しているアニメーション機能の基本を説明するためだけのものなのです。その目的には、これで十分でしょう。

わたし、アニメって大好き！
この棒が、どんな風に
動くのかしら？

直線を描く

まず直線を描く部分についてざっと見ておきましょう。

> 「アニメート」プログラム：直線を描く

```
let line = Line(start: Point(x: -10, y: 0), end: Point(x: 10, y: 0))
line.color = .blue
line.center.y += 6
```

直線は、`Line` クラスのオブジェクトとして描くことができます。オブジェクトを作成する際に、始まりと終わりの 2 点を指定して、その 2 点の間に直線を描きます。この点も 1 種のオブジェクトです。クラスは `Point` です。`Point` クラスに x と y、2 つの引数を与えて点のオブジェクトを作り、そのまま `start` と `end` の引数として指定しています。よく見ると、2 つの点の y 座標が同じ 0 なので、この直線は水平線だとわかります。x 座標は、開始点が中心からちょっと左の -10 と、終了点は中心からちょっと右の 10 となっています。

こうして得られた直線オブジェクト `line` の色は、`color` プロパティに `.blue` を代入することで青に設定しています。この書き方も見慣れないものだと思われるでしょうが、これは実は `Color.blue` を省略したものです。この場合、代入式の左辺 (`line` オブジェクトの `color` プロパティ) が、色のオブジェクト、つまり `Color` クラスのオブジェクトだとわかっているので、右辺のクラス名 `Color` の部分は省略できるのです。これは Swift では多用される書き方です。`blue` の前に付けた . (ドット) は省くことができないので、その点は注意してください。

さらに `line` オブジェクトの中央を表す `center` プロパティの、さらに y プロパティの値を 6 だけ増やすことで、直線を右側画面の中央からちょっと上の位置に持ち上げています。これは以前に見た方法と同じです。

▶ 直線をアニメーションさせる

さて、肝心のアニメーションですが、意外かもしれませんが、今描いた直線オブジェクトとは直接関係ない部分で設定しています。それは直線とは別に `Text` クラスのオブジェクトとして描いた 2 つの文字列です。文字列を描く部分は省略して、文字列から直線にアニメーションを付ける部分だけを見ておきましょう。P.83 の図には見えない、もうちょっと下のあたりにあります。

「アニメート」プログラム：アニメーションの設定

```
rotateClockwiseText.onTouchUp {
    animate {
        line.rotation += Double.pi / 4
    }
}
```

ここに出てくる `rotateClockwiseText` というオブジェクトは、P.83 の図の実行結果にも見える「Rotate Line Clockwise」という、直線のすぐ下に描かれた文字列です。念のため説明すると、この文字列が表す英語の意味は**直線を時計方向に回転させる**というものです。その文字列オブジェクトに対して `onTouchUp` のイベント処理を付けています。そこまでは、前のページのプログラムで説明したとおりです。そのイベント処理の中で直線をアニメ化していることになります。
その処理は 1 つだけで、`animate {}` という形をしています。このようにすることで、その `{}` の中に書いたプログラムをアニメーション付きで実行することができます。そして、その部分のプログラムは `line.rotation += Double.pi / 4` となっています。これは直線オブジェクト `line` の `rotation` プロパティの値を `Double.pi / 4` だけ増やすというものです。πを角度にすれば 180 度で、そのπの 1/4 ですから、角度にすれば 45 度ということになります。この `animate {}` 部分は、ユーザーが「Rotate Line Clockwise」の文字列にタッチして指を離すたびに実行されます。そしてそのつど、直線が時計回りに 45 度だけ回転するアニメーションが見られるというわけです。
もう 1 つの文字列「Rotate Line Counter Clockwise」というのは、**直線を反時計方向に回転させる**という意味です。言うまでもなく、それにタッチすると、直線は反時計回りに 45 度ずつ回転します。その処理は、上に示したプログラムの `+=` の部

分が `-=` になっているだけなので、説明を省略します。

ちなみに、この `animate {}` の記述を省略して、その中身の `line.rotation += Double.pi / 4` だけを記述しても、「Rotate Line Clockwise」の文字列にタッチすれば、直線は時計回りに45度だけ回転します。ただし、当然ながらその動作にアニメーションは付きません。それでも、人間の目が、動きを補完してしまうので、なんとなくアニメーション付きのように見えるかもしれません。もちろん、このページのようなプログラムによってアニメーションを付けたときようにスムーズな動きは得られません。実際に試してみると良いでしょう。

アニメーションは、ゲームなどで使うときにも非常に効果的です。それがこんなに簡単に実現できるのですから、利用しない手はありません。

> あっ！CHAPTER 2 でも、角度の話をしていたぞ！

> ちゃんと覚えていて、えらいわね！
> まず、π＝ Double.pi を4で割って、
> 45度のラジアンを出すの。
> そして、時計回りならプラス、
> 反時計回りならマイナスして、
> 回転する向きを決めているのね。

CHAPTER 4

「追いかけヘビ」プログラムを作ろう

CHAPTER 4 「追いかけヘビ」プログラムを作ろう

1 「追いかけヘビ」プログラムとは

短い何本かの竹の筒の端同士を関節のように連結して、クネクネ動かして遊ぶヘビのおもちゃをご存知でしょうか。あれとちょっと似たような動きをするプログラムを作ってみます。

▶ プログラムの完成形を確認しよう

「追いかけヘビ」とはいったい何だと思われるかもしれませんが、適当な名前を思いつかなかったので、仮にそのような名前にしてあります。とりあえず完成形を先に見ておきましょう。

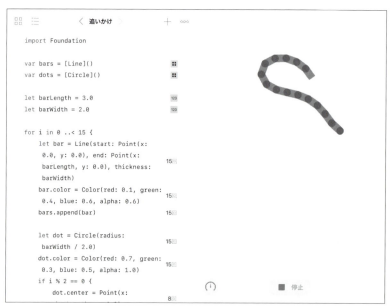

↑「追いかけヘビ」プログラムの完成形。

「追いかけヘビ」プログラムとは 4-1

指で画面をドラッグすると、その指に食いつくかのように？ヘビのように連なった図形が動くというものです。図形は、複数の円と直線を組み合わせています。まず1つの円が、ドラッグ中の指の位置に一致するように動きます。その円を1本の直線が追いかけます。つまりその直線の片方の端が円の位置に一致して動きます。そして、床の上に置いた棒の端に紐をつけて引きずるような感じで、直線のもう片方の端が付いてきます。その直線の引きずられている側の端には次の円が付いてきます。そして、さらにその円には次の直線が続きます。

言葉で説明してもよくわからないかもしれませんが、プログラムを完成させて、実際に動かしてみれば納得してもらえると思います。

とりあえず、「図形」テンプレートから作ったプレイグラウンドに、新たなページ「追いかけ」を追加して、プログラミングを始めましょう。

2 指の動きを追いかける円を描く

まずは、単純なプログラムから始め、だんだん機能を追加して、複雑な動きをするものにしていきましょう。最初は、タッチした指の位置を円が追いかけるだけのものを作ります。

▶ 指を追いかける円を作ってみる

「指を追いかける円」と聞くと、すでに見たことがあると思われるかもしれません。そう、テンプレートに最初から含まれる「タッチ」のページには、ドラッグ可能な円を描くサンプルプログラムが用意されていましたね。しかしここでは、それとはちょっと違ったプログラムにします。

「追いかけヘビ」プログラム：指を追いかける円

```
let dot = Circle(radius: 1.0)

Canvas.shared.onTouchDrag {
    let dp = Canvas.shared.currentTouchPoints[0]
    dot.center = dp
}
```

もはや、あまり詳しく説明する必要はないですね。最初の行では、半径が 1.0 の円を描いて **dot** という定数に代入しています。プログラムの残りの部分は、ユーザーが画面をドラッグした際のイベントに対する処理です。その中身は単純です。まず、ドラッグ中の指の位置の座標を調べて、それを **dp** という定数に保存し、次にその座標値を、上で描いた円の中心として設定しているだけです。

このプログラムを動かしてみると、たしかに指を画面に触れてドラッグした位置を、円が追いかけてくるような動作となります。

```
let dot = Circle(radius: 1.0)

Canvas.shared.onTouchDrag {
    let dp =
      Canvas.shared.currentTouchPoints[
      0]
    dot.center = dp
}
```

⬆ プログラムを実行すると、ドラッグした指を円が追いかけてきます。

ドラッグ中の指の位置の座標の調べ方が、テンプレートの例とは違うことにお気付きしょうか。テンプレートに含まれていたプログラムでは、`Canvas.shared.currentTouchPoints.first!` となっていましたが、ここでは `Canvas.shared.currentTouchPoints[0]` としています。実はどちらでもほとんど同じことです。テンプレートのプログラムの説明で、これはマルチタッチに対応していると書きました。そして、複数のタッチがあった場合に、その最初のタッチの座標を得るために `.first!` と付けていると説明しました。つまりこの `currentTouchPoints` には、ユーザーが1本または複数の指でタッチした、1つまたは複数の座標が入っているのです。これは一種の配列です。そして配列の最初の要素を取り出すには、その配列に `.first!` を付けても、`[0]` を付けても良いということなのです。最初の要素を取り出すだけなので、タッチが1本指によるもので、要素が1つだけでも構いません。

なお、このプログラムでは、ユーザーが画面にタッチしても、ドラッグするまでは何も起きません。その部分の動作が気に入らないという場合には、別途 `ontTouchDown` などの処理を加えてみても良いでしょう。ここでは、**ドラッグしたときにだけ動く**というものとして先に進みます。

2本指や3本指でタッチしたときでも、1番最初にタッチしたところに円がいくようにしているよ！

3 円に従って動く直線を描く

次に、指を追って動く円に従って動く直線を描いてみましょう。最初は、目的の動きとはちょっと違うものとなりますが、とりあえず直線が円に従うという部分だけを実現します。

▶ 円の中心に直線を配置する

どんなプログラムになるか、だいたい想像がつくでしょうか。まず円と同様に、1つの直線を描いておきます。円はデフォルトで右側画面の中央に描かれるので、直線の片方の端が中央になるように、座標を設定します。ユーザーが画面に触れてドラッグしたというイベント処理の中では、円の中心を指の位置に移動するだけでなく、直線の片方の端も、円の中心と一致するように、言い換えれば指の位置と一致するように移動します。

「追いかけヘビ」プログラム：円を追いかける線1

```
let dot = Circle(radius: 1.0)
let bar = Line(start: Point(x: 0.0, y: 0.0), end: Point(x: -3.0, y: 0.0), thickness: 2.0)

Canvas.shared.onTouchDrag {
    let dp = Canvas.shared.currentTouchPoints[0]
    dot.center = dp
    bar.start = dp
}
```

直線の描き方は「アニメート」のページですでに説明した通りです。Lineクラスに、始点と終点の2点の座標を指定してオブジェクトを作るのでした。ここで新たに登場したのは、その始点だけを移動する方法です。言われてみれば何でもないことだと思

いますが、直線オブジェクトの start プロパティに、移動後の座標値を代入しています。同じように end プロパティに新たな座標値を入れれば、直線の終点も移動することができます。ここまでのプログラムでは始点だけを移動しているので、終点はもとの場所にとどまります。

プログラムの動作を確認する

とりあえず、プログラムを起動してみましょう。今度は、最初、円の左側に直線がくっついたような図形が描かれます。

```
let dot = Circle(radius: 1.0)
let bar = Line(start: Point(x: 0.0, y:
 0.0), end: Point(x: -3.0, y: 0.0),
 thickness: 2.0)

Canvas.shared.onTouchDrag {
    let dp =
     Canvas.shared.currentTouchPoints[
      0]
    dot.center = dp
    bar.start = dp
}
```

↑ プログラムを起動したところ。

そこでおもむろに画面にタッチしてドラッグすると、円と直線の始点が指の動きを追いかけます。直線の終点は元の場所に留まっているので、始点が離れると直線が引き伸ばされたように見えるでしょう。

今のところ、直線の終点はその場所から動かないようになっているわね。

```
let dot = Circle(radius: 1.0)
let bar = Line(start: Point(x: 0.0, y:
 0.0), end: Point(x: -3.0, y: 0.0),
 thickness: 2.0)

Canvas.shared.onTouchDrag {
    let dp =
     Canvas.shared.currentTouchPoints[
     0]
    dot.center = dp
    bar.start = dp
}
```

⬆ 画面をドラッグすると、円と直線が指を追いかけます。

直線を床で引きずるように動かす

実際にプログラムを動かして、指であちこちドラッグしてみてください。これだけでも面白い動きが見られますが、このプログラムの目的はこれではありません。簡単に言えば、直線の長さが一定に保たれるよう、終点も移動するのですが、その際、単に平行移動したのでは、何も面白みがありません。直線を床の上で引きずるような動きが見られるように、終点の位置を計算して設定してみます。最初にプログラムを示してから、その意味を考えることにします。

「追いかけヘビ」プログラム：円を追いかける線2

```
import Foundation

let dot = Circle(radius: 1.0)
let bar = Line(start: Point(x: 0.0, y: 0.0), end: Point(x: -3.0, y: 0.0),
thickness: 2.0)

Canvas.shared.onTouchDrag {
    let dp = Canvas.shared.currentTouchPoints[0]
    dot.center = dp
    bar.start = dp
```

```
        let dx = dp.x - bar.end.x
        let dy = dp.y - bar.end.y
        let angle = atan2(dy, dx)
        bar.end.x = dp.x - cos(angle) * 3.0
        bar.end.y = dp.y - sin(angle) * 3.0
}
```

まずは動かしてみましょう。画面にタッチしてドラッグすると、円と直線が指の動きに付いてきますが、これまでとは様子が違います。直線の長さが伸びたりせずに、同じ長さで動きます。つまり、始点の位置につられて終点の位置も動くのです。その際、直線の角度も、ドラッグの方向に付いてきます。何度も言うようですが、棒の片方の端に紐を付けて、床の上を引きずっているような動きになるのです。どうしてそういう動きになるのか、その仕組みを考えていきましょう。

```
import Foundation

let dot = Circle(radius: 1.0)
let bar = Line(start: Point(x: 0.0, y:
  0.0), end: Point(x: -3.0, y: 0.0),
  thickness: 2.0)

Canvas.shared.onTouchDrag {
    let dp =
      Canvas.shared.currentTouchPoints[
      0]
    dot.center = dp
    bar.start = dp

    let dx = dp.x - bar.end.x
    let dy = dp.y - bar.end.y
    let angle = atan2(dy, dx)
    bar.end.x = dp.x - cos(angle) *
      3.0
    bar.end.y = dp.y - sin(angle) *
      3.0
}
```

↑ 画面をドラッグすると、円と直線が指を追いかけます。直線も今度は伸びません。

CHAPTER 4 「追いかけヘビ」プログラムを作ろう

▶ 三角関数で直線の終点の座標を計算する

そのための計算には、中学校の数学で出てくる三角関数を使っています。**数学**や**三角関数**という言葉を聞いただけで、なんだか難しそうで敬遠したくなる人もいるでしょう。それどころか一種の拒絶反応を示す人もいるかもしれません。しかし、特に図形を扱うプログラミングでは、何らかの形で数学や三角関数が登場するのは避けられません。もちろんゲームもその例外ではありません。

ただし、ここで使う三角関数は、基本的な**サイン**と**コサイン**、そして比率から角度を求める**アークタンジェント**の3種類だけです。この後で、わかりやすく図解して説明するので、苦手意識のある人もじっくり読んで考えてみてください。この部分のプログラムが理解できれば、三角関数も実感として理解できるようになるはずです。それによって、逆に数学に対する苦手意識が消えて、むしろ好きになる可能性も十分にあります。実際にプログラムを動かしながら学ぶことによって、数学に限らず、いろいろなものに対する理解が広がり、学ぶのが楽しくなることはよくあることなのです。

Swiftの場合、言語自体には三角関数を扱う機能がないので、外部の**ライブラリ**機能を利用して三角関数を計算できるようにする必要があります。そのような場合、外部のライブラリを取り込むために `import` という命令を使います。これはインポート、つまり輸入するという意味ですね。ここでは、三角関数を含む、基本的な数学の計算を可能にするために `Foundation` というライブラリを取り込みます。上のプログラムの先頭の行に書いたのがそれです。

それでは、画面上をドラッグしたことに対するイベント処理に加えたプログラムをよく見てみましょう。円の中心と直線の始点をドラッグ中の指の位置に設定した後、dxとdyという新たな定数の値を計算しています。その部分のプログラムは、こうなっています。

「追いかけヘビ」プログラム：dx と dy の計算
```
let dx = dp.x - bar.end.x
let dy = dp.y - bar.end.y
```

まず、x軸方向の差分（2つの値の違い）を表す `dx` には、タッチの位置のx座標 `dp.x` から元の直線の終点のx座標の値 `bar.end.x` を引いた値を代入しています。同様に、`dy` には、`dp.y` から `bar.end.y` を引いた値を代入しています。これによって、`dx` と `dy` には、元の直線の終点から新しい始点の位置までの、それぞれx軸方向とy軸方

向の距離が入ることになります。

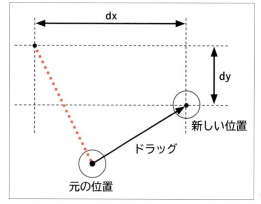

⊙ dxとdyのイメージ図。

次にプログラムは、また新たな定数 `angle` を用意して、その値を計算しています。今度の値は、`atan2()` という三角関数のファンクションを使って計算しています。

「追いかけヘビ」プログラム：角度を計算する
```
let angle = atan2(dy, dx)
```

このファンクションは、名前からわかるようにアークタンジェントの値を計算するものですが、atan2の2というのは、2つの値を引数として取るという意味です。アークタンジェントは比率から角度を計算すると書きましたが、その比率とは、x軸方向の長さと、y軸方向の長さの比率です。そこで、ここでは dy と dx を、このファンクションの引数として設定しています。それによって得られる角度は、dx と dy を直交する2辺とする直角三角形の頂点の角度です。

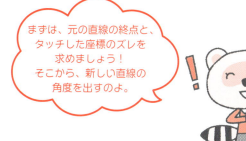

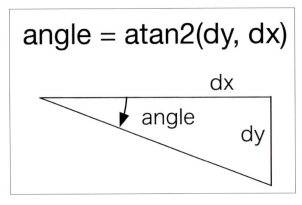

○アークタンジェントで求める角度angleのイメージ図。

この場合、元の直線の終点のy座標よりも、新しい点のy座標の方が下方向にあるので、**dy**の値は負（マイナス）です。そのため、角度もマイナス（時計回り）になります。この場合の角度はもちろんラジアンで表されていますが、ここではその単位を意識する必要はありません。

▶ 座標を求めて直線のプロパティに指定する

次にプログラムは、上で求めた角度 `angle` を、それぞれサインとコサインを表すファンクション `sin()` と `cos()` の引数として与えて、それぞれx軸方向とy軸方向の比率を求めています。これらの値が意味するのは、直線の長さを1.0としたとき、新しく描くべき直線の始点と終点の距離です。x軸方向が `cos(angle)`、y軸方向が `sin(angle)` となります。

先に求めた角度を使って、始点と終点のx軸とy軸の距離を出すんだ。
そして、始点からその距離を引くと、新しい直線の終点が決まるんだ。

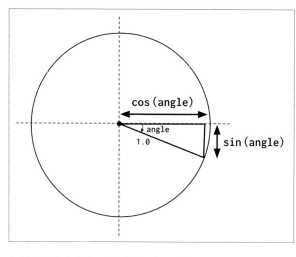

○ 角度angleからsin()とcos()でx軸方向とy軸方向の比率を求めます。

なぜそのようなものを求める必要があるかと言えば、直線は始点と終点を指定して描くからです。そこで、すでにわかっている始点の座標（タッチの位置 = dp）から、x軸方向とy軸方向の距離を引いて、終点の座標を求めるのです。この場合、実際には元の直線の長さは 3.0 なので、`cos(angle)`、`sin(angle)` それぞれに 3.0 を掛けてから、それを `dp.x` と `dp.y` から引いています。それが求める新しい直線の終点の座標です。それぞれ、直線の `end.x` と `end.y` のプロパティに、直接代入しています。

「追いかけヘビ」プログラム：直線の終点を指定する

```
bar.end.x = dp.x - cos(angle) * 3.0
bar.end.y = dp.y - sin(angle) * 3.0
```

以上の処理で、直線を円の中心、言い換えればドラッグしている指の位置に従うように直線を動かすことができます。これは、新しい円の中心と、元の直線の終点を仮に結ぶ直線の上に、新しい直線が重なっていることになります。

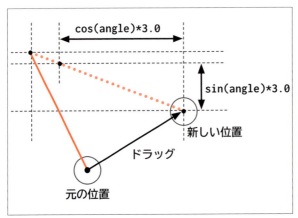

○直線が指の位置に従って動くイメージ。

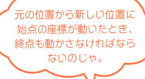

元の位置から新しい位置に始点の座標が動いたとき、終点も動かさなければならないのじゃ。

なるほどー……。ちょっと難しいけど、三角関数を使えば、終点の座標を求めることができるんだね。

4 円と直線を複数にして連結する

指を追いかける円と、円を追いかける線の組み合わせが描けました。あとは円と直線の組み合わせを次々とつなげます。配列を使って複数の円と直線を上手に管理しましょう。

▶ プログラムの方針を決めよう

まだ1つの円と、1つの直線しか描いていませんが、これでだいたい基本的な動きが表現できました。まだ完成形にはほど遠いと思われるかもしれませんが、実はそうでもないのです。1つの円に従って動く1本の直線まではできているので、あとは、その直線の終点の位置に別の円を描き、さらにその円を追って動く直線を描き、その直線の終点にまた別の円を描き……ということを繰り返していけば良いのです。それを何回繰り返すかということは、あらかじめ決めておきましょう。そして、あらかじめその数だけ、円と直線を描いて準備しておきます。

今後の方針が決まったので、実際にそれをプログラムとして表現していきます。プログラムは部分部分を見ながら説明を加え、最後に全体を通して確認することにします。

▶ 複数の円と直線を描く

ここでは、上で述べたように、複数の円と直線を描きます。それらは繰り返し処理によって順に位置を調整していくことになるので、円と直線のオブジェクトを、それぞれ専用の配列として保存しておくと便利です。配列は、最初は空ですが、オブジェクトを作成するたびに1つずつ要素を追加していくことになります。そのためには、最初に、そのオブジェクトのタイプに一致する空の配列を用意しておきます。これまでに見慣れない書き方になりますが、`Line`クラスのオブジェクトと、`Circle`クラスの

オブジェクトをそれぞれ格納する 2 つの配列は、以下のようにして作っておくことができます。

「追いかけヘビ」プログラム：円と線の配列を作る
```
var bars = [Line]()
var dots = [Circle]()
```

これにより、直線の配列は `bars`、円の配列は `dots` という名前でアクセスすることができるようになります。

直線の長さと幅を定数で定義する

円と直線が 1 つずつだったプログラムでは、直線の長さや幅を、プログラムの中で直接数字で指定していました。それらは、それほど何回も出てくるわけではなかったので、それでもよかったのですが、以下のプログラムには何回も出てくることになります。そのたびに数字で指定するのは、間違いの元。そこでそれらの数字を定数として最初に定義しておくことにしましょう。そうしておけば、後で変更したくなっても 1 ヶ所だけ変えれば良いので便利でもあります。

「追いかけヘビ」プログラム：直線の長さと幅を定義
```
let barLength = 3.0
let barWidth = 2.0
```

ここでは直線の長さは、定数 `barLength` によって 3.0 に、幅は、定数 `barWidth` によって 2.0 に設定しています。あとは、これらの定数を使って、幅と高さを指定すれば良いのです。

繰り返し処理で直線を描く

次に、繰り返し処理によって初期状態の円と直線を必要な数だけ描いておきます。ここで描いた円と直線は、次々と上で作った配列に入れていきます。まず、同じ処理を繰り返すためのプログラムですが、ここでは繰り返す回数をあらかじめ決めておくので、`for` ループを使うことにします。15 回繰り返すことにして、大枠は以下のよう

な形になります。

> 「追いかけヘビ」プログラム：for ループ
> ```
> for i in 0 ..< 15 {
>     // 直線と円を作成して配列に追加する処理
> }
> ```

ここで for の後ろに書いた変数名 i は、ループの数を数えるカウンターのようなもので、var というキーワードで宣言することなく使える臨時の変数です。その i 値は、0 から始まって、15 より小さい間、カウントを 1 ずつ増やしながらループを回ります。i の値の変化を全部書くと、0、1、2、3、4、5、6、7、8、9、10、11、12、13、14 となり、間違いなく 15 回だけ実行します。

ループの中身は、上のプログラムではコメントとして「直線と円を作成して配列に追加する処理」と書いてあります。そこに繰り返し実行したい処理を書けば良いのです。ここで実行したいのは、複数（全部で 15 個）の直線と円を描き、それらを上で用意した配列の中に格納することでした。というわけで、ループの中身は大別して 2 つの部分に分けることができます。

前半は、直線を描いて、直線の色を指定し、それを配列の要素として付け足していきます。その部分のプログラムだけ抜き出してみましょう。

> 「追いかけヘビ」プログラム：直線を配列に付け足す
> ```
> let bar = Line(start: Point(x: 0.0、y: 0.0), end: Point(x: barLength, y: 0.0), thickness: barWidth)
> bar.color = Color(red: 0.1, green: 0.4, blue: 0.6, alpha: 0.6)
> bars.append(bar)
> ```

まず、直線を描く部分については、すでに説明した通りです。前回と違うのは、直線の終点の x 座標を、直接数字ではなく定数 barLength で、同じく直線の幅を barWidth で指定しているところだけです。

直線の色は、color プロパティで設定します。ここでは色の名前ではなく、3 原色 RGB の各値と、アルファ値（不透明度）の 4 つの値で指定しています。なぜ色の名前で指定しないのかというと、その理由は 2 つあります。1 つは、RGB の値で指定することで、細かく色を調整できること。もう 1 つは透明度を表すアルファ値を指定するには、こうするしかないからです。このプログラムでは、動きによって複数の直線や円が重なったものが描かれる場合があります。そのとき、色を半透明にしておく

と、重なりの様子がよく分かるのです。

この部分の最後の行では、配列オブジェクトの `append()` メソッドを使って、直線オブジェクト `bar` を `bars` 配列の要素として追加しています。こうすることで、新たな直線オブジェクトが、配列の最後の要素として付け加えられます。

繰り返し処理で円を描く

後半の円を描く部分も、だいたいは直線と同じですが、ちょっと違う部分もあります。それは複数の直線が順に折れ曲がって重なっているように見せるために、円の位置を交互にずらす必要があるからです。まずは、実際のプログラムを見てみましょう。

「追いかけヘビ」プログラム：配列に円を追加する

```
let dot = Circle(radius: barWidth / 2.0)
dot.color = Color(red: 0.7, green: 0.3, blue: 0.5, alpha: 1.0)
if i % 2 == 0 {
    dot.center = Point(x: barLength, y: 0.0)
}
dots.append(dot)
```

1 行目では、半径が直線の幅 `barWidth` の半分の円オブジェクトを作っています。円と直線が同じ幅になるためには、半径の指定は直線の幅の半分にするのです。色の設定も、直線と同じ 4 つの値で指定します。ただし、円の不透明度は 1.0 にして、完全な不透明にしています。問題はその次です。ここでは `i % 2` の剰余算を実行し、それが `0` かどうかを調べることで、`i` の値が偶数かどうかを調べています。そして偶数の場合だけ円の位置を中央から直線の長さ分だけ右方向にずらしています。これで、直線の始点と終点の位置に、円が交互に並ぶことになります。最後の `dots` 配列に作成した円オブジェクトを追加する部分は、直線の場合と同様です。

2つ目以降の円は前の直線の終点を追う

ここまで来れば、あとはユーザーが画面をドラッグした場合のイベントに対応する部分だけです。これは、動きとしてはすでに円と直線が 1 個ずつのプログラムで書いた

イベント処理の中身と、だいたい同じです。ただし、ユーザーがドラッグする先頭の円とそれに従う直線の組と、さらにその後ろに従う円と直線の組では、ちょっとだけ処理が違います。なぜなら、先頭の円はユーザーの指の位置を追うのに対し、それに続く円は、前の組の直線の終点を追うことになるからです。そのため、このプログラムでは、この**追う**処理、つまり先に図解した三角関数によって直線の終点の座標を計算し、移動する処理をファンクションとして独立させることにしました。イベント処理の中では、この独自のファンクションを呼び出して、実際の**追う**処理を実現しています。

プログラムとしては、順番が前後しますが、まずイベント処理の方を見ておきましょう。

「追いかけヘビ」プログラム：イベント処理部分

```
Canvas.shared.onTouchDrag {
    let dp = Canvas.shared.currentTouchPoints[0]
    dragBar(at: 0, toPoint: dp)
    for i in 1 ..< bars.count {
        dragBar(at: i, toPoint: bars[i - 1].end)
    }
}
```

この中では大きく3つの処理を実行します。1つは、ユーザーの指が画面に触れている点の座標を調べることです。これは、1組の円と直線の場合とまったく同じで、調べた座標値は `dp` に代入しています。

次は、先頭の円と直線の組が指の位置を追うように動かすための処理です。これは上で述べた独自のファンクション `dragBar()` を呼び出して実行しています。このファンクションの定義については後で示しますが、とりあえずここでは、その呼び出し方だけ確認しておきましょう。引数は2つで `at` と `toPoint` というラベルを付けています。最初の引数は、配列に入れてある円と直線の中で、実際に動かす要素のインデックスを指示します。ここでは、最初の円と直線を動かすので、インデックスとして `0` を指定しています。次の引数 `toPoint` では、どこに動かすかという、行き先の座標を指定します。最初の円と直線の組は、円をユーザーの指の座標に移動するので、`dp` を指定しています。直線の始点は円と同じ座標に動き、終点は、例の三角関数で計算した座標に移動します。

もう1つの処理は、`for` ループです。このループは、直線の配列の要素の数より1だけ少ない回数だけ繰り返します。なぜかというと、先頭の円と直線の組は、もう上の処理で動かしたので、配列の2番目の円と直線の組から、最後の円と直線の組まで処

理すればいいからです。2番目の要素のインデックスは1です。ループのカウンターの `i` も1から始めています。そこで、`at` の引数には `i` をそのまま与えています。各円と直線の組は、その1つ前の直線の終点を追うような動きにしたいので、`toPoint` の引数には、直線配列のインデックスが `i - 1` の要素の終点の座標を指定しています。なお、配列オブジェクトの `.count` プロパティには、その配列の要素の数が入っています。

▶ dragBar()ファンクションを定義する

Swift では、独自のファンクションは、呼び出す前に定義しなければなりません。そこで、`dragBar()` ファンクションは、ドラッグのイベント処理の前に書きます。

「追いかけヘビ」プログラム：dragBar() ファンクション

```swift
func dragBar(at: Int, toPoint: Point) {
    dots[at].center = toPoint
    bars[at].start = toPoint
    let dx = toPoint.x - bars[at].end.x
    let dy = toPoint.y - bars[at].end.y
    let angle = atan2(dy, dx)
    bars[at].end.x = toPoint.x - cos(angle) * barLength
    bars[at].end.y = toPoint.y - sin(angle) * barLength
}
```

ファンクションの定義は `func` で始めて、ファンクション名を書き、`()` の中に引数のラベルと、その型（クラス）のリストを `,`（カンマ）で区切って並べます。すでに呼び出し方を見ているので、ファンクションの名前と、2つの引数のラベルはわかっていますね。最初の引数 `at` の型は、配列のインデックスなので `Int` です。次の `toPoint` の型は、座標値なので `Point` クラスということになります。

このファンクションの中身は、すでに示した1つずつの円と直線に対するイベント処理の中身のうち、ドラッグ中の指の座標を調べた後の処理とほとんど同じです。ただし、プログラムに登場する円や直線を配列の中の1つずつの要素として指定している点だけが異なります。ざっと説明すると、まず `at` で指定された円の中心と、直線の始点を、`toPoint` で指定された座標に移動します。

次にその移動先と元の直線の終点の座標とのズレ、`dx` と `dy` を求めます。それは、

`toPoint` と `at` で指定された直線の終点のズレとして計算できます。その `dx` と `dy` から `atan2()` を使って `angle` を求める部分はまったく同じです。最後に、直線の新しい終点の座標を求める部分も、結果をセットする直線オブジェクトを配列のインデックスで指定していることと、追う点の座標が `dp` から `toPoint` に変わっている点を除けば、基本的に前の単純な例と同じです。

▶ プログラムの完成形

ここまで、プログラムを小さな部分に分けて説明してきたので、改めて全体を示しておきましょう。続けて書いても大した長さにはなりません。

「追いかけヘビ」プログラム

```
import Foundation

var bars = [Line]()
var dots = [Circle]()

let barLength = 3.0
let barWidth = 2.0

for i in 0 ..< 15 {
    let bar = Line(start: Point(x: 0.0、y: 0.0), end: Point(x: barLength, y: 0.0), thickness: barWidth)
    bar.color = Color(red: 0.1, green: 0.4, blue: 0.6, alpha: 0.6)
    bars.append(bar)

    let dot = Circle(radius: barWidth / 2.0)
    dot.color = Color(red: 0.7, green: 0.3, blue: 0.5, alpha: 1.0)
    if i % 2 == 0 {
        dot.center = Point(x: barLength, y: 0.0)
    }
    dots.append(dot)
}

func dragBar(at: Int, toPoint: Point) {
    dots[at].center = toPoint
```

```
    bars[at].start = toPoint
    let dx = toPoint.x - bars[at].end.x
    let dy = toPoint.y - bars[at].end.y
    let angle = atan2(dy, dx)
    bars[at].end.x = toPoint.x - cos(angle) * barLength
    bars[at].end.y = toPoint.y - sin(angle) * barLength
}

Canvas.shared.onTouchDrag {
    let dp = Canvas.shared.currentTouchPoints[0]
    dragBar(at: 0, toPoint: dp)
    for i in 1 ..< bars.count {
        dragBar(at: i, toPoint: bars[i - 1].end)
    }
}
```

このプログラムを起動すると、最初は右側画面の中央に、何やら直線と円が重なったようなものが描かれます。これを見ただけでは、どんな動きを見せるのか、まだまったく想像できないでしょう。

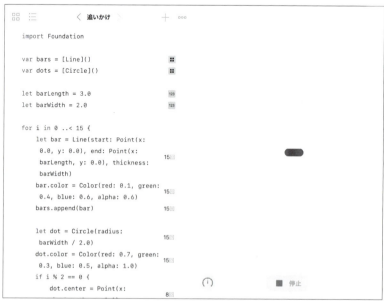

◎ プログラムを起動したところ。

それでは、右側画面のどこでも良いので、適当に画面に指を触れてドラッグしてみましょう。そのとたん、折り重なっていた円と直線の一端が、指の動きを追うように動き出します。残りの部分は、折れ曲がっていたのが伸ばされるような動きになることも観察できるでしょう。

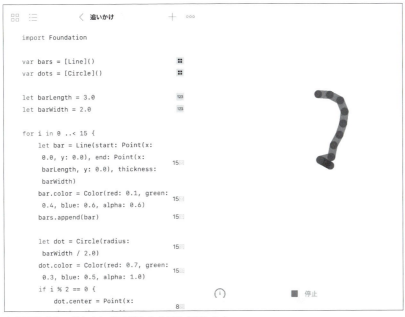

↑画面をドラッグすると、指を追うように動き出します。

そのままどんどんドラッグしてみましょう。渦を巻くような動きにしてみたり、付いてきている後ろの方の円と直線にぶつかるように動かしてみるのも面白いでしょう。逆向きに動かすと、なめらかな曲線を描いていたものが、急に折れ曲がるような動きになったりして興味深い動きになります。

CHAPTER 4 「追いかけヘビ」プログラムを作ろう >>>

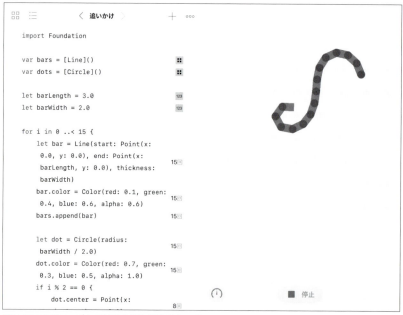

↑ いろいろドラッグして動きを試してみましょう。

簡単なバリエーションとして、円と直線の組の数を増やしたり、直線の長さを長くしてみたりしてみても面白いでしょう。ほかにもいろいろな可能性があるので、思いついたことをプログラムとして記述して、動作を確かめてみてください。

CHAPTER 5

「3並べ」ゲームを作ろう

1 「3並べ」ゲームってどんなゲーム？

本章でプログラミングの題材に選んだゲームは「3並べ」です。プログラミングをはじめる前にまずは、3並べがどのようなゲームで、どんな機能が必要か、一緒に考えてみましょう！

▶ 「3並べ」ゲームとは？

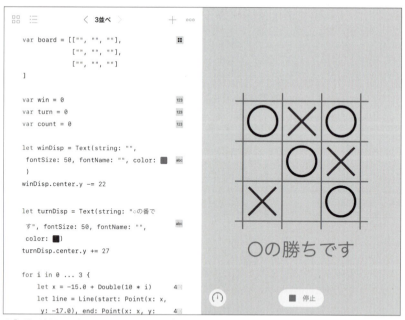

⬆「3並べ」ゲームを Swift Playgrounds で作ってみました。

これが 3 並べゲームです。その辺に落ちている棒などを使って地面に線を引いてマスを作り、その中に〇や×を書き込んで友達と勝負した記憶がある人も少なくないで

しょう。3並べというくらいなので、○または×が縦・横・斜めのいずれかに3つ並んだら勝ちということになります。したがってマスの数も3×3の9個となります。グラフィックも単純で、それほど苦労することなく描けそうです。勝ち負けを判断して表示する機能も付いています。

実はこのゲーム、先攻でも後攻でも絶対に負けることがないようにプレイできることが知られています。つまり、対戦する両者がまじめに考えてミスなくコマを打っていけば、かならず引き分けになってしまう、ということになります。それではゲームとしては面白くないと思われるかもしれません。そう言われればその通りなのですが、人間なのでうっかりミスをすることもあり、相手のミスを誘うようにプレイするのが面白い、という考え方もあります。

また、このプログラムには、このタイプのボードゲームに必要な要素が、単純ながら一通り出てきます。プログラミングが上達したら、これを拡張して五目並べやオセロのようなものを作ることも、それほど難しくないでしょう。また、簡単なAI機能を入れて、人間とコンピューターが対戦できるようにしてみる、というのは、すばらしい課題となるでしょう。

ここでも、「図形」テンプレートから作ったプレイグラウンドに、新たなページ「3並べ」を追加して、プログラムを書き始めましょう。

CHAPTER 5 「3並べ」ゲームを作ろう >>>

2 3並べの盤面を描く

最初は、盤面を描くところから始めましょう。キャンバスに
背景色を付けて、縦と横に4本ずつ直線を引いていきます。
直線を引くところは「繰り返し処理」を使います。

▶ キャンバスの大きさは機種によって違う

ここまでに見てきたプログラムでは、プレイグラウンドの右半分のグラフィック表示画面の座標の大きさというものは、あまり意識してこなかったかもしれません。テンプレートに含まれているプログラムでは、なんとなくそんなものか、という見方をしているので、座標値の大きさはあまり気になりません。また「追いかけ」のプログラムでは、直線の長さを決めただけで、後はユーザーが画面にタッチした座標を元に描いているだけなので、座標というものを値として意識する必要がありませんでした。描けないところにはユーザーも触ることもできないからです。

この「図形」テンプレートが用意してくれる右側のグラフィック画面の座標は、ちょっと困ったことに iPad の機種によって、というよりも、物理的な画面サイズによって異なります。iPad のモデルが変わっても、標準的な 9.7 インチサイズの画面であれば、座標の範囲は同じです。しかし、今は 11 インチや 12.9 インチサイズの画面を備えた iPad Pro もあります。そうした機種では、当然ながら 9.7 インチサイズの iPad よりも画面が広く使えますが、その分座標の範囲も広くなっています。標準的な 9.7 インチの iPad の場合の座標範囲を以下に示します。

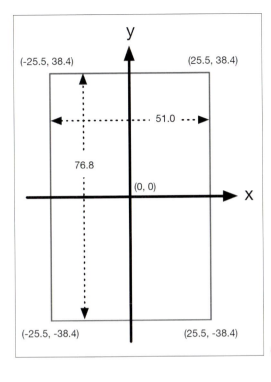

→ 9.7インチのiPadの座標範囲

　この座標系の場合には、原点が中央にあるので、そこの座標は(0, 0)です。グラフィック画面の横幅は、この座標系の単位で約51.0、高さは同様に約76.8あります。x軸は右方向が正、y軸は上方向が正なので、中央から右端までの距離は25.5、中央から上端までは38.4となります。したがって、右上角の座標は(25.5, 38.4)、左上角が(-25.5, 38.4)、左下角が(-25.5, -38.4)、右下角が(25.5, -38.4)、となります。

　この範囲を頭に入れて図形の座標を決めていけば、だいたい画面サイズに合わせた描画ができるはずです。ただし、この9.7インチサイズの画面の座標値に合わせてプログラムを書くと、それよりも大きな画面の機種では、周囲にスペースが余ってしまいます。しかし、逆に言えば画面からはみ出してしまう心配はありません。そこでここでは9.7インチサイズを前提に座標の値を決めていくことにします。もし大画面のiPadのサイズを有効に活用して大きく表示したいという場合には、各自で座標の値を調整してみてください。

キャンバスの背景色を設定する

さて、予備知識としての座標の話が長くなりましたが、この座標を意識しながら盤面を描いていきましょう。まずは、盤面が真っ白ではゲームとして味気ないので、背景色を付けます。何も図形がないのに、どうやって色を付けるのかと疑問に思われるかもしれませんが、この「図形」テンプレートの背景部分には、タッチ操作の検出にも使っていたキャンバスというものがあります。それは、`Canvas.shared` としてアクセスできるオブジェクトでした。そこには、color というプロパティがあるので、そこに色の値を代入すれば良いのです。たとえば、以下のようにすることができます。

「3 並べ」プログラム：キャンバスの背景色を設定する
```
Canvas.shared.color = .yellow
```

ただし、色を名前で指定する方法では、細かな色の調整ができません。かといって、RGBとアルファ値で設定するのも面倒だという場合も多いでしょう。Swift Playgrounds には、色（`Color` クラスのオブジェクト）をパレットから簡単に指定できる機能が備わっています。そのための手順を確認しておきましょう。

まず、プログラムを `Canvas.shared.color =` の部分まで入力します。すると、Swift Playgrounds の入力補完機能が働いて、= の右側に `Color` というクラス名が現れます。これは、色の値、つまり `Color` クラスのオブジェクトが入ることを示しています。

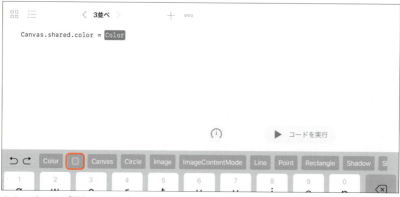

⬆ キーボードの「□」マークをタップすると、カラーパレットが表示されます。

このとき、キーボードの上辺に沿って表示されている入力用のテンプレートをよく見ると、「Color」の右に「□」のようなマークがあることに気付くでしょう。これが色をパレットから選んで入力できる魔法のボタンです。それをタップすると、プログラムの = の右側部分にカラーパレットが表示されます。

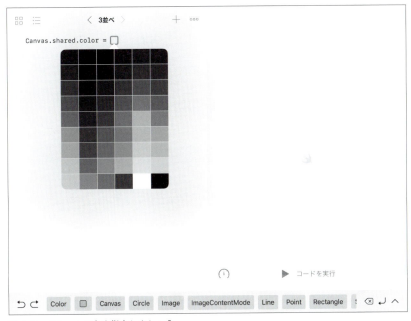

⬆ カラーパレットで色を指定しましょう。

このパレットの中から選んで色を指定できるのです。この例では、やや淡い黄色を選んでみました。すると、= の右側の□の中身は、その選んだ色になります。これで色の値が設定できました。プログラムを動かしてみると、パレットから選んだ色が、右側のグラフィック画面全体の背景色として設定されたことを確認できます。

⬆ 画面全体の背景色が設定されました。

盤面に格子線を引く

盤面の描画は、ここからが本番です。縦横3つずつのマスを作るために、縦横4本ずつの格子線を引きましょう。直線と直線に挟まれる部分が正方形になるように、直線は等間隔とします。また地面に描く3並べの盤面の雰囲気を出すために、直線はマスの大きさぴったりよりも、ちょっとはみ出すようにします。

「3並べ」プログラム：縦横に4本ずつの格子線を引く

```
for i in 0 ... 3 {
    let x = -15.0 + Double(10 * i)
    let line = Line(start: Point(x: x, y: -17.0), end: Point(x: x, y: 17.0), thickness: 0.3)
    line.color = ■
}

for i in 0 ... 3 {
    let y = -15.0 + Double(10 * i)
    let line = Line(start: Point(x: -17.0, y: y), end: Point(x: 17.0, y: y), thickness: 0.3)
    line.color = ■
}
```

2つの`for`ループを使って、まず4本の縦線、次に4本の横線を引いています。色はグレーにしました。ループのカウンターはいずれも`i`ですが、そのカウンターを使って`let x = -15.0 + Double(10 * i)`のように縦線のx座標を計算しています。その結果、縦線の間隔は`10.0`で、開始は`-15.0`の位置からとなります。4本の縦線を描く場合には、ループの中でx座標だけを変化させ、y座標は固定です。具体的には、`-17.0`から`17.0`までです。一方、横線を描く場合には、ループカウンターによってy座標を計算して変化させますが、x座標は固定です。縦が横になっただけなので、数値も同じで、x座標の幅（横線の長さ）は、`-17.0`から`17.0`までです。これでちょうど、右画面の中央に、4本×4本の直線で構成された3×3のマス目が描かれます。

3並べの盤面を描く 5-2

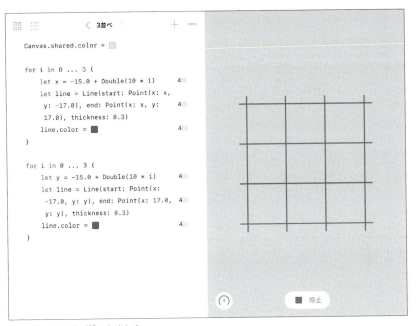

↑3×3のマス目が描かれました。

3×3のマスを作るために、4×4の線を引かなきゃいけないんだな。

CHAPTER 5 「3並べ」ゲームを作ろう

3 ○と×のコマを打つ

今度は作成した盤面の上に、コマを打つ処理を考えましょう。タッチイベントで取得した座標にそのままコマを描けばOKと思いがちですが、そう簡単にはいきません。

▶ タッチしたところにコマを描く

3並べのコマは、○と×と相場が決まっているので、その部分は難しくありませんね。○はそのまま `Circle` クラスのオブジェクトを描けば良いでしょう。残念ながら×の形のオブジェクトは用意されていないので、これは2本の直線、つまり `Line` クラスのオブジェクトを組み合わせて描くことにしましょう。

このようなボードゲームの場合、コマはゲームのプレーヤーが盤面にタッチした位置に描くのが基本です。とりあえず、ユーザーがタッチした位置を検出して、その場に○を描くプログラムを書いてみましょう。キャンバスの `onTouchUp` のイベント処理として書けば良さそうですね。以下のプログラムを追加しましょう。

「3並べ」プログラム：タッチしたところに円を描く

```
Canvas.shared.onTouchUp {
    var tp = Canvas.shared.currentTouchPoints[0]
    let mark = Circle(radius: 4)
    mark.color = Color.clear
    mark.borderWidth = 6.0
    mark.borderColor = ■
    mark.center = tp
}
```

まずキャンバス（`Canvas.shared`）の `currentTouchPoints` のプロパティからタッチの座標を調べて、それを変数 `tp` に代入しています。その後は、`Circle` クラスのオ

ブジェクトを半径に `4` を指定して作成し、それを定数 `mark` に代入します。その `mark` のプロパティとして、中身の色 `color` を完全な透明 `Color.clear` に、境界線の幅 `borderWidth` を `6.0` に、境界線の色 `borderColor` を濃いめの青に設定してから、その円の中心座標 `mark.center` を、タッチのあった座標 `tp` に設定しています。

なお、これまでは中身の塗りつぶされた円を描いていましたが、このように中身の色と境界線の色を別々に指定することで、縁だけに色が付いた中空の円を描くことができきます。

▶ タッチした場所にそのままコマを描いてはいけない

これで、タッチした点を中心とする半径 4 の中空の円が描けるはずです。さっそく試してみましょう。

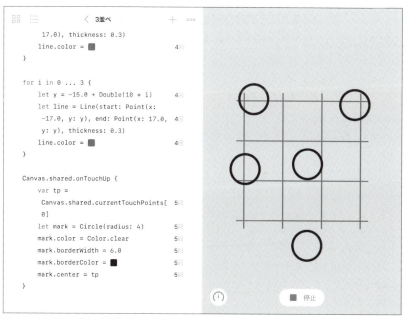

⊙ タッチしたところに円が描けるようになりました。

たしかに、タッチした位置に○のコマが打てるようになりましたが、このままではせっかく描いた盤面のマスを無視しているので、画面のどこにでもコマが打ててしまいま

す。それでも、どのマスに打ったのか、はっきりわかればまだ良いのですが、どのマスに打とうとしたのかわからないような位置にコマを描いたのでは、ゲームとしては都合が悪いですね。そこで、タッチの位置があるマスの内側に入っていたら、タッチの位置そのものではなく、そのマスの中央にコマを描くことにします。もちろん 3 × 3 のマスの外側は論外で、そこには打てないようにしなくてはいけません。

そのためには、タッチの位置を計算によって修正して、x 座標も y 座標も、`-10.0`、`0`、`10.0` のいずれかとなるようにすれば良さそうです。x 座標も y 座標も 3 通りのうちのいずれかになるので、組み合わせは全部で 9 通りになります。ちょうど 3 × 3 のマスの中に描けそうです。

コマを描く座標を計算する

このような処理のためには、x、y それぞれの座標値を 10 で割って、小数点以下を四捨五入してから 10 倍するという処理が使えます。その前に、盤面の外を除外するという処理を付ければ完璧です。それらの処理をタッチイベント処理の中身に付け加えましょう。

「3 並べ」プログラム：位置を修正して円を描く

```
Canvas.shared.onTouchUp {
    var tp = Canvas.shared.currentTouchPoints[0]

    if (tp.x < -13.0) || (tp.x > 13.0) || (tp.y < -13.0) || (tp.y > 13.0) {
return }

    var nx = tp.x / 10.0
    nx.round()
    tp.x = nx * 10
    var ny = tp.y / 10.0
    ny.round()
    tp.y = ny * 10.0

    let mark = Circle(radius: 4)
    mark.color = Color.clear
    mark.borderWidth = 6.0
    mark.borderColor = ■
```

```
        mark.center = tp
    }
```

まず、最初のタッチされた座標を取得する部分は前と同じです。マスの外を除外する処理では、マスの中でも境界に近い部分は無視することにして、x 座標、y 座標とも -13.0 から 13.0 の範囲だけを有効にしています。そのため、if の条件として、以下のように 4 つの比較を論理和 || でつないでいます。どれか 1 つだけでも条件が成立すれば、この if の条件は真になるというものですね。

「3 並べ」プログラム：if 文

```
if (tp.x < -13.0) || (tp.x > 13.0) || (tp.y < -13.0) || (tp.y > 13.0) {
return }
```

これによって、x 座標、y 座標のいずれかについて、-13.0 ～ 13.0 の範囲を超える条件が 1 つでもあれば、このタッチイベント処理は、そのまま return してしまいます。結局、この範囲を超えるタッチは無視されることになります。

念のために、この 4 つの条件を図で確認しておきましょう。x 軸、y 軸とも、13.0 より大きいか -13.0 より小さい範囲はグレーになっています。このグレーの領域はタッチが無視され、真ん中に近い白い正方形の領域へのタッチだけが有効となるわけです。

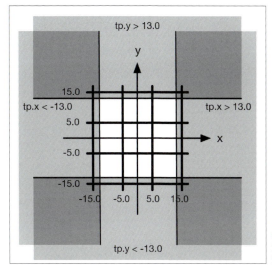

◯if 文の条件式を図示。白い正方形の領域へのタッチだけが有効になります。

得られた座標値を10で割るという処理は問題ないと思いますが、そこから小数点以下を四捨五入して整数に丸めるために、`round()`というメソッドを使っています。これは`Double`型の数値オブジェクトについて使えるように、Swift言語自体が用意しているものです。

座標値を10で割って四捨五入してまた10を掛けることにどういう意味があるのか、まだしっくりこないという人のために、やはり図で確認しておきましょう。

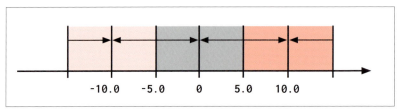

⬆ 座標値を10で割って四捨五入してまた10を掛ける処理を図示。これで座標は-10.0、0、10.0の3パターンになります。

x軸でy軸でもまったく同じなのですが、たとえば-5.0以上で5.0未満の範囲は、座標値を10で割ると、-0.5以上0.5未満となるため、四捨五入すると0になります。同様に、-15.0以上-5.0未満の範囲は10で割って四捨五入すると-1.0になります。また5.0以上15.0未満の範囲は1.0になります。こうして得られた値を10倍すると、座標値は0、-10.0、10.0の3種類のうちのいずれかにしかなりません。

この処理を、x軸とy軸の両方について実行すると、座標値は、(-10.0, -10.0)、(-10.0, 0)、(-10.0, 10.0)、(0, -10.0)、(0, 0)、(0, 10.0)、(10.0, -10.0)、(10.0, 0)、(10.0, 10.0)の9通りのうちの1つにしかならなくなります。つまり、コマの中心の座標は、ちょうどマスの真ん中にくるようになるのです。

マスの枠内におさめるために、座標値を0、-10.0、10.0、の3種類だけで出すようにする工夫じゃな。

以上の動作を、実際のプログラムで確かめておきましょう。

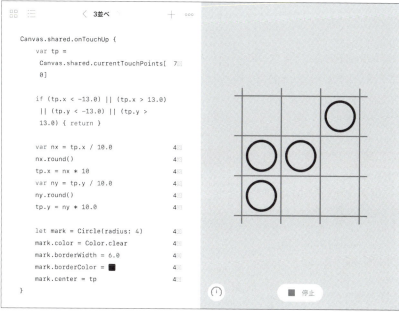

⬆ プログラムを実行し、画面をタッチすると、コマがマスの中央に配置されます。

マスの外側には打てず、打ったコマは、すべてマスの中央に揃うことが確認できました。

○と×を交互に打てるようにする

ここまでのプログラムでは、コマはちょうどマスの中央に打てるようになったものの、まだ○のコマしか打てませんでした。3並べには、もう1つ×のコマも必要です。そして、○と×は必ず交互に打ちます。もちろん、×のコマもマスの中央に描く必要があります。こうした条件で、×のコマを打つ機能を追加しましょう。

まずは、○と×、どちらの番かを記憶しておく変数を用意します。プログラムの先頭で `turn` という変数を `0` に初期化することにします。

「3 並べ」プログラム：変数 turn を初期化

```
var turn = 0
```

この `turn` の値が `0` のときには〇の番、`1` のときには×の番ということにしましょう。ユーザーがタッチした点の座標値の範囲を絞り、マスの真ん中となるように座標値を調整する部分までは〇も×も同じです。その後の実際に円を描いていた部分を以下のように拡張します。

「3 並べ」プログラム：〇と×を交互に打つ

```
if turn == 0 {
    let mark = Circle(radius: 4)
    mark.color = Color.clear
    mark.borderWidth = 6.0
    mark.borderColor = ■
    mark.center = tp
    turn = 1
} else {
    let l1 = Line(start: Point(x: tp.x - 3.5, y: tp.y + 3.5), end: Point(x: tp.x + 3.5, y: tp.y - 3.5), thickness: 0.6)
    l1.color = ■
    let l2 = Line(start: Point(x: tp.x - 3.5, y: tp.y - 3.5), end: Point(x: tp.x + 3.5, y: tp.y + 3.5), thickness: 0.6)
    l2.color = ■
    turn = 0
}
```

まず `turn` の値が `0` かどうかを調べ、それが `0` なら〇を描きます。その処理は上のプログラムとまったく同じです。ただし、その後に `turn` の値を `1` に変更しています。これによって、次は×の番としているわけです。

もし `turn` の値が `0` でない場合は、×の番ということになるので、茶色の×を描きます。×は、2本の直線の組み合わせで描くということはすでに述べた通りです。2本の直線の交わる部分が、ちょうどマスの中央になるように座標を計算しながら描きます。まず1本目の直線 `l1` は、中心の座標を (0, 0) とすれば、始点を (-3.5, 3.5)、終点を (3.5, -3.5) としています。これにより、45度の右下がりの斜め線を描きます。同様に2本目の直線 `l2` では、始点を (-3.5, -3.5)、終点を (3.5, 3.5) としています。つまり 45 度の右上がりの斜め線を描いています。やはり、×を描き終わっ

た際に、`turn`の値を`0`にセットすることで、次の番を○に変更しています。
ここまでの動作を確認しましょう。

```
if turn == 0 {
    let mark = Circle(radius: 4)        3回
    mark.color = Color.clear             3回
    mark.borderWidth = 6.0               3回
    mark.borderColor = ■                 3回
    mark.center = tp                     3回
    turn = 1                             3回
} else {
    let l1 = Line(start: Point(x:
    tp.x - 3.5, y: tp.y + 3.5),
    end: Point(x: tp.x + 3.5, y:         2回
    tp.y - 3.5), thickness: 0.6)
    l1.color = ■                         2回
    let l2 = Line(start: Point(x:
    tp.x - 3.5, y: tp.y - 3.5),
    end: Point(x: tp.x + 3.5, y:         2回
    tp.y + 3.5), thickness: 0.6)
    l2.color = ■                         2回
    turn = 0                             2回
}
}
```

↑ ○と×を交互に打てるようになりました。

次はどちらの番かメッセージを表示する

これで○と×を交互に打てるようになりました。3並べ程度のゲームでは、それで悩むこともないのですが、ぱっと見ただけでは次が○の番なのか、×の番なのかわかりにくいのも事実です。そこで、次がどちらの番なのか、プレーヤーにわかりやすいように、メッセージとしてはっきりと表示することにします。

先頭部分で、変数`turn`の値を`0`に設定した直後に、「○の番です」という文字列を盤面の上部に表示することにします。

「3 並べ」プログラム：盤面の上部にメッセージを表示 1

```
let turnDisp = Text(string: "〇の番です", fontSize: 50, fontName: "", color: ■)
turnDisp.center.y += 27
```

`Text` クラスのオブジェクトは、このように文字列 (string)、フォントサイズ (fontSize)、フォント名 (fontName)、そして色 (color) を同時に指定して作ることができます。ここでは、文字を大きめにしたかったので、フォントサイズを **50** に指定していますが、特にフォント名は指定していません。その場合には、デフォルトのシステムフォントが使われるはずです。色は濃い青にしました。この `Text` オブジェクトは、`turnDisp` という定数に代入しておきます。そして、その場で、その中心のy 座標を 27 だけ増やして、文字列が画面の上方に表示されるようにしています。また後で文字列を「×の番です」に変更するときも、この定数を使います。

あとは、〇のコマが打たれて、×番の番に切り替わったときに、この `Text` オブジェクトの文字列を「×の番です」に変更し、×のコマが打たれた後には、再び「〇の番です」に戻す処理が必要となります。それは、〇を描く処理と×を描く処理の最後に、それぞれ `turnDisp.string = "×の番です"` と `turnDisp.string = "〇の番です"` という文を入れれば良いでしょう。念のため、コマを描く部分の全体を示します。

「3 並べ」プログラム：盤面の上部にメッセージを表示 2

```
if turn == 0 {
    let mark = Circle(radius: 4)
    mark.color = Color.clear
    mark.borderWidth = 6.0
    mark.borderColor = ■
    mark.center = tp
    turn = 1
    turnDisp.string = "×の番です"
} else {
    let l1 = Line(start: Point(x: tp.x - 3.5, y: tp.y + 3.5), end: Point(x: tp.x + 3.5, y: tp.y - 3.5), thickness: 0.6)
    l1.color = ■
    let l2 = Line(start: Point(x: tp.x - 3.5, y: tp.y - 3.5), end: Point(x: tp.x + 3.5, y: tp.y + 3.5), thickness: 0.6)
    l2.color = ■
    turn = 0
```

```
        turnDisp.string = "○の番です"
    }
```

それでは、ここまでのプログラムの動作を確認しておきましょう。盤面のマスの欄外に、次が○の番か×の番かを表示できるようになりました。

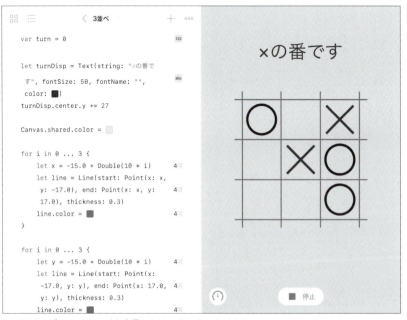

⬆ どちらの番かメッセージを表示できるようになりました。

すでにコマがあるところには打てないようにする

ここまで来ると、実際にゲームとしてプレイできそうな気もしてきます。たしかに勝ち負けを人間が判断すれば良いので、これでも地面に棒で描く3並べと同等には遊べるでしょう。しかし、コンピューター上のゲームとしては、まだ重大な欠陥があります。それは、同じ場所にいくらでもコマが打ててしまうということです。

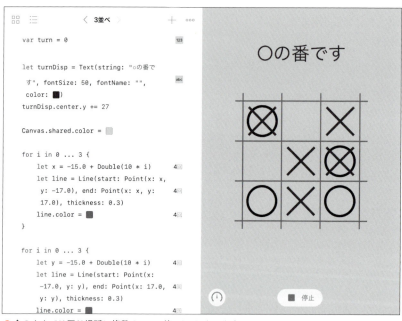

⬆ 今のままでは同じ場所に複数のコマが打ててしまいます。

このままだと、見た目が良くないだけでなく、勝ち負けの判断も難しくなるので、なんとかしなければなりません。普通は、すでにコマが置いてある場所には別のコマは打てないようにするでしょう。そのためには、まず打とうとしたマスに、すでにコマが置かれているかどうかを確認する必要があります。それは、これまでのプログラムには出てきていない動作です。実際問題として、ある座標を指定して、そこに何かグラフィックが描かれているかどうかを判定する機能は、この「図形」テンプレートにはありません。

ではどうすれば良いのでしょうか？　1つの答えとしては、実際の盤面とコマの図形

○と×のコマを打つ 5-3

とは別に、どこにコマが置かれているか、あるいは置かれていないか、という地図を作っておくことが考えられます。その地図の作り方には、いろいろな方法が考えられます。ここでは、3並べのマスの配列と同じ、3×3の2次元の配列を作っておいて、その要素の値で判断することにします。

要素の値としては、何もコマが置かれていない初期状態では空の文字列 "" を入れておき、○のコマが打たれたら文字列の内容も "○" に入れ替え、×が打たれたら "×" に入れ替えることにします。こうしておけば、コマが置かれているかどうかだけでなく、どちらのコマが置かれているかも知ることができます。それは後で勝ち負けの判断をする際にも使えます。

まず最初にプログラムの先頭部分で、要素が全部空の文字列からなる3×3の配列を作っておきましょう。

「3並べ」プログラム：3×3の配列を作る

```
var board = [["", "", ""],
             ["", "", ""],
             ["", "", ""]
            ]
```

細かく見ると、3つの空の文字列を要素として持つ配列 `["", "", ""]` がまずあって、その外側に、その配列を3つの要素とする配列があります。つまり配列が2重構造になっているのです。この場合、内側の配列 `["", "", ""]` がマスの横方向の並びを表すことにします。それが3つ縦方向に重なったものが3並べの3×3のマスになると考えてください。

この配列が準備できたら、あとは2つの処理が必要となります。1つは、コマを打つ前に、そこにすでにコマが置かれていないかどうか確認することです。もちろん置かれている場合には打てないので、ユーザーのタッチ操作を無視することにします。置かれていない場合は、これまでと同じようにコマを打つ処理を実行しますが、コマを打つたびに、この配列の内容を更新して、そこにはすでにコマがあることを表します。実際のグラフィック画面のコマと、配列の内容が一致するようにするわけです。それがもう1つの処理です。

まず、目的の場所にすでにコマが置かれているかどうかチェックするのは簡単です。次のように、たった1行で書けてしまいます。

「3 並べ」プログラム：コマの有無をチェックする

```
if board[Int(ny) + 1][Int(nx) + 1] != "" { return }
```

この行は、ユーザーが画面にタッチした座標から、コマを打つ中心の座標を求めた直後に入れます。この中に出てくる **nx** や **ny** という変数は、タッチの座標を 10 で割って四捨五入した後の値です。それは、-1, 0, 1 のいずれかになるのでした。その値に 1 を足せば、0, 1, 2 となって、配列のインデックスとして使えます。ただし、**nx** や **ny** は **Double** 型なので、そのままでは配列のインデックスとして使えません。それを **Int()** によって整数に変換してから 1 を足しています。

最初に **Int(ny) + 1** で指定しているのが、マスの縦方向の位置です。それが上の行なら 0、真ん中の行なら 1、下の行なら 2 になります。そして、2 番目に **Int(nx) + 1** で指定しているのが横方向の位置です。左の列なら 0、真ん中なら 1、右の列なら 2 となります。そうやって配列から取り出した値が空の文字列 **""** でなければ、そのままこのイベント処理から **return** してしまいます。

これができれば、もう 1 つの処理、つまりコマの地図の配列を更新する処理も難しくありません。○のコマを打つ場合には、上の処理と同じ **nx** と **ny** によって指定した配列の新たな要素として **"○"** を代入します。

「3 並べ」プログラム：配列に "○" を代入する

```
board[Int(ny) + 1][Int(nx) + 1] = "○"
```

もちろん、バツを打つ場合には **"×"** を代入すれば良いのです。

「3 並べ」プログラム：配列に "×" を代入する

```
board[Int(ny) + 1][Int(nx) + 1] = "×"
```

これらの処理を入れる位置は、それぞれ画面に○や×を描いた直後が良いでしょう。それも含めて、タッチした座標から **nx**、**ny** を計算した直後の部分からのプログラムを示します。

「3 並べ」プログラム：配列を使ってコマの有無をチェックする

```
if board[Int(ny) + 1][Int(nx) + 1] != "" { return }
```

```
if turn == 0 {
    let mark = Circle(radius: 4)
    mark.color = Color.clear
    mark.borderWidth = 6.0
    mark.borderColor = ■
    mark.center = tp
    board[Int(ny) + 1][Int(nx) + 1] = "○"
    turn = 1
    turnDisp.string = "×の番です"
} else {
    let l1 = Line(start: Point(x: tp.x - 3.5, y: tp.y + 3.5), end: Point(x: tp.x + 3.5, y: tp.y - 3.5), thickness: 0.6)
    l1.color = ■
    let l2 = Line(start: Point(x: tp.x - 3.5, y: tp.y - 3.5), end: Point(x: tp.x + 3.5, y: tp.y + 3.5), thickness: 0.6)
    l2.color = ■
    board[Int(ny) + 1][Int(nx) + 1] = "×"
    turn = 0
    turnDisp.string = "○の番です"
}
```

ここまでのプログラムを実行した結果は特に示しません。同じ場所に重ねて打てなくなっただけなので、2つ前に示した図と何も変わらないからです。

4 どちらが勝ったか判定する

形はだいぶ仕上がってきましたが、今はまだゲームの勝敗をプレーヤー自身が判断しなければなりません。そこで、ここではどちらが勝ったかを自動で判定する機能を加えましょう。

▶ 勝敗の判定はどのように行う？

3並べのルールは説明するまでもありませんが、コマが横、縦、斜めのいずれかの方向の1直線上に、3つ並んだ方が勝ちとなります。人間ならば、どうやって調べるか、などということを考えるまでもなく、パッと見ただけでコマが3つまっすぐに並んでいることは判断できるでしょう。

しかしコンピューターのプログラムに判断させるには、どういう条件が整ったら3つのコマが直線上に並んだことになるのか、ということをこと細かに教えてやらなければなりません。しかも、判断しやすいように、いろいろな場合に分けて教えてやる必要があります。それはプログラミングとしては面倒な作業ですが、いったん正しく教えれば、後は瞬時に間違いなく判断してくれるので、頼もしい存在になります。

このゲームの場合には、3つの場合に分けて判断するのがいちばんオーソドックスな方法だと思われます。もちろん他にももっと優れた方法があるかもしれません。そうしたことを考えてプログラムを改良していくのも面白いものです。ここでの3つの場合とは、①横方向に3つ並んでいるか、②縦方向に3つ並んでいるか、③斜め方向に3つ並んでいるか、の3通りです。

まず①の横方向ですが、図で表すと次のようになります。

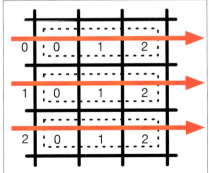

● 横方向の勝敗を判定
するパターン。

この3本の矢印線のどれかに沿ってコマが並んでいれば、横方向に並んでいることになります。この図では、横方向に並んだ3つのマスを破線で囲ってグループ化してあります。この1つの破線のグループは、コマの配置を表す地図の配列の中で、内側の1つの配列になっている1まとまりです。この場合、この配列が、`[" ○ "，" ○ "，" ○ "，]`に一致すれば、○が3つ並んでいると判断します。もちろん`[" × "，" × "，" × "，]`なら、×が3つ並んでいると判断できます。これを3回繰り返して、上の行、まん中の行、下の行をチェックします。プログラムにすると、次ページのようになります。

横方向の判定は、配列を横方向に見るだけだからかんたんだね！

「3 並べ」プログラム：横方向の勝利を判定

```
for i in 0 ... 2 {
    if board[i] == ["○", "○", "○"] {
        win = 1
        break
    } else if board[i] == ["×", "×", "×"] {
        win = 2
        break
    }
}
```

ここでは、`win` という変数がいきなり出てきますが、これがどちらが勝ったかの判断を記憶しておくための変数です。この整数型の変数は、プログラムの先頭に近い部分で 0 に初期化してあります。その値は、○が勝ちなら 1 に、×が勝ちなら 2 になります。どちらかが並んでいることが確認できたら `break` しているのは、もうそれ以上確認する必要がないので、`for` ループを抜けるためです。とはいえ、同時に 2 つ以上並ぶ心配はないので、この `break` はなくても差し支えありません。

次に②の縦方向ですが、これも 9 つのマスを上から下方向に矢印線に沿って、3 つの同じコマが並んでいるかどうかをチェックします。

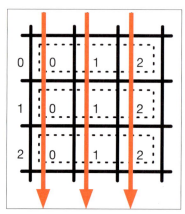

○ 縦方向の勝敗を判定するパターン。

この場合、破線で囲った地図の配列の内側の配列を、矢印線がまたいでいるので、プログラムでも配列をまたいでチェックしなければならないことがわかります。この部分のプログラムは上のものよりも、ちょっとだけ面倒で、次のようになります。

「3並べ」プログラム：縦方向の勝利を判定

```
for j in 0 ... 2 {
    if board[0][j] == "○" && board[1][j] == "○" && board[2][j] == "○" {
        win = 1
        break
    } else if board[0][j] == "×" && board[1][j] == "×" && board[2][j] == "×" {
        win = 2
        break
    }
}
```

地図の内側の配列の要素を1つずつ調べて、縦方向の並びが3つとも○なのか、あるいは×なのかを1列ずつずらしながら確認しています。ここでも、判断した結果に応じて○が勝ちなら win の値を1に、×が勝ちなら2に変更しています。

斜め方向を調べる③の場合も、地図の内側の配列をまたいでいるので、調べ方は②の場合とほとんど同じです。

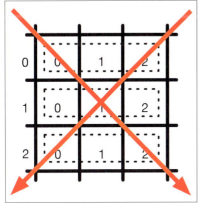

○斜め方向の勝敗を判定するパターン。

斜め方向には、右下がりの斜めと、右上がりの斜めがあるので、その両方について調べる必要があります。とはいえ、その2つだけなので、ループを回す必要も感じられません。

「3並べ」プログラム：斜め方向の勝利を判定

```
if (board[0][0] == "○" && board[1][1] == "○" && board[2][2] == "○") ||
(board[0][2] == "○" && board[1][1] == "○" && board[2][0] == "○") {
    win = 1
} else if (board[0][0] == "×" && board[1][1] == "×" && board[2][2] == "×
") || (board[0][2] == "×" && board[1][1] == "×" && board[2][0] == "×") {
    win = 2
}
```

ここでのプログラムは、すべての場合を書き出して、その条件を **&&** と **||** でつないだ論理式で調べています。ちょっとわかりにくいかもしれないので、○の勝ちの判断部分を日本語に置き換えた疑似プログラムでロジックを確認してみましょう。

論理式のロジック

```
if (左上が○ && まん中が○ && 右下が○) || (右上が○ && まん中が○ && 左下が○) {
    ○の勝ち
}
```

要するに、どちらかのコマが右下がりの斜めに並んでいるか、または右上がりの斜めに並んでいれば、そのコマの勝ち、ということになります。

▶ 勝敗に応じたメッセージを表示する

以上の3つの場合に分けた判断が終わったら、最後に、その判断に応じたメッセージを表示しましょう。

「3並べ」プログラム：勝利判定のメッセージを表示

```
if win != 0 {
    turnDisp.string = ""
    if win == 1 {
        winDisp.string = "○の勝ちです"
    } else if win == 2 {
        winDisp.string = "×の勝ちです"
    }
}
```

まず、変数 `win` の値が 0 かどうかだけをチェックしています。その値が 0 であれば、まだ勝負が付いていないので、何もしません。それが 0 でない場合は、すでに勝敗が決まっているので、まず、どちらの番かを示す文字列 `turnDisp.string` に空の文字列を入れて番の表示を消します。その後、どちらが勝ったかを調べて、勝敗を表示する文字列 `winDisp.string` に赤色で「〇の勝ちです」または「×の勝ちです」を表示します。この `winDisp` は、勝敗を表示するための `Text` クラスのオブジェクトで、これもプログラムの先頭に近い部分で作成して、配置なども決めておきます。
先頭から、そのあたりまでのプログラムを示します。

「3 並べ」プログラム：`winDisp` オブジェクトを追加

```
var board = [["", "", ""],
             ["", "", ""],
             ["", "", ""]
]

var turn = 0
var win = 0

let winDisp = Text(string: "", fontSize: 50, fontName: "", color: ■)
winDisp.center.y -= 22
```

プログラム全体は、もう1つ機能を加えてから確認するとして、とりあえずここまでの成果を確認するために動かしてみましょう。

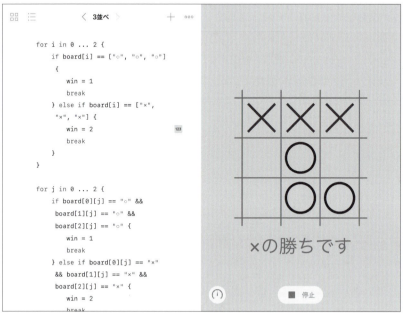

○ 勝ち負けの判定ができるようになりました。

勝ち負けが決まるとマスの上の「...の番です」という表示が消えて、代わりにマスの下に「...の勝ちです」という表示が現れることが確認できました。

5 引き分けを判定して ゲームオーバーにする

これで勝ち負けの判断も自動的にできるようになり、ほとんど完成か、と思われるかもしれません。でもあと1つ、「引き分け」を判断する機能を追加しておく必要があります。

▶ 引き分けの判定はどうする？

勝ち負けが付かないまますべてのマスが埋まれば、もうそれ以上打てなくなるので、実質的には引き分けとわかります。しかし、そのまま終わってしまうというのは味気ない感じがします。しかも、引き分けの判断ができないと、マスがいっぱいになって打てなくなっても、「... の番です」という表示は残ったままになります。それを消すためにも、引き分けでゲームオーバーの判断は必要なのです。

引き分けを判断する方法は、いろいろと考えられるでしょう。ここでは、その中でもっとも単純だと思われる方法を使います。それは、打たれたコマの数を数えて、その数が、勝ち負けが決まる前に9になったら、それで引き分け、ゲームオーバーにするというものです。

そのためには、プログラムの先頭に近い部分で、打ったコマの数を数える変数 count を用意して、値を 0 に初期化します。

「3並べ」プログラム：変数 count を初期化
```
var count = 0
```

そのカウントを 1 だけ増やして、それが 9 になったかどうかを判断するタイミングは重要です。なぜなら、それを勝ち負けの判断の前にやってしまうと、マスがいっぱいになったと同時に 3 つ並んでも、引き分けと判断されてしまうからです。やはり引き分けの判断は、ユーザーが盤面をタッチした際のイベント処理の最後に置くのが良さ

そうです。

「3並べ」プログラム：引き分けの判断

```
count += 1
if count == 9 {
    turnDisp.string = ""
    winDisp.string = "引き分けです"
    winDisp.color = ■
}
```

この部分でやっていることは単純です。まず変数 `count` の値に 1 を加え、それが 9 になったかどうかを調べます。9 になったら、`turnDisp.string` に空の文字列を入れて「... の番です」という表示を消し、次に `winDisp.string` に「引き分けです」という文字列を代入してメッセージを表示するだけです。ついでにその文字列の色も、勝敗の表示とは異なるもの（ここでは黄緑色）に設定しています。

見た目の動作は、これだけで問題ないのですが、引き分けになっても、あるいは勝ち負けが決まってもタッチイベントの中で、いろいろ処理するという必要もないので、イベント処理の先頭に、勝敗が決まっているか、引き分けになっていれば、何もしないで戻る、という処理を入れておくと良いでしょう。

「3並べ」プログラム：引き分けの場合は何もしない

```
if win != 0 || count == 9 { return }
```

以上のプログラムをすべてまとめて示します。

「3並べ」プログラム

```
var board = [["", "", ""],
             ["", "", ""],
             ["", "", ""]
]

var turn = 0
var win = 0
var count = 0
```

5-5 引き分けを判定してゲームオーバーにする

```
let winDisp = Text(string: "", fontSize: 50, fontName: "", color: ■)
winDisp.center.y -= 22

let turnDisp = Text(string: "○の番です", fontSize: 50, fontName: "", color: ■)
turnDisp.center.y += 27

for i in 0 ... 3 {
    let x = -15.0 + Double(10 * i)
    let line = Line(start: Point(x: x, y: -17.0), end: Point(x: x, y: 17.0), thickness: 0.3)
    line.color = ■
}

for i in 0 ... 3 {
    let y = -15.0 + Double(10 * i)
    let line = Line(start: Point(x: -17.0, y: y), end: Point(x: 17.0, y: y), thickness: 0.3)
    line.color = ■
}

Canvas.shared.color = ■

Canvas.shared.onTouchUp {
    if win != 0 || count == 9 { return }

    var tp = Canvas.shared.currentTouchPoints[0]

    if (tp.x < -13.0) || (tp.x > 13.0) || (tp.y < -13.0) || (tp.y > 13.0) { return }

    var nx = tp.x / 10.0
    nx.round()
    tp.x = nx * 10
    var ny = tp.y / 10.0
    ny.round()
    tp.y = ny * 10.0

    if board[Int(ny) + 1][Int(nx) + 1] != "" { return }
```

```
    if turn == 0 {
        let mark = Circle(radius: 4)
        mark.color = Color.clear
        mark.borderWidth = 6.0
        mark.borderColor = ■
        mark.center = tp
        board[Int(ny) + 1][Int(nx) + 1] = "○"
        turn = 1
        turnDisp.string = "×の番です"
    } else {
        let l1 = Line(start: Point(x: tp.x - 3.5, y: tp.y + 3.5), end: Point(x: tp.x + 3.5, y: tp.y - 3.5), thickness: 0.6)
        l1.color = ■
        let l2 = Line(start: Point(x: tp.x - 3.5, y: tp.y - 3.5), end: Point(x: tp.x + 3.5, y: tp.y + 3.5), thickness: 0.6)
        l2.color = ■
        board[Int(ny) + 1][Int(nx) + 1] = "×"
        turn = 0
        turnDisp.string = "○の番です"
    }

    for i in 0 ... 2 {
        if board[i] == ["○", "○", "○"] {
            win = 1
            break
        } else if board[i] == ["×", "×", "×"] {
            win = 2
            break
        }
    }

    for j in 0 ... 2 {
        if board[0][j] == "○" && board[1][j] == "○" && board[2][j] == "○" {
            win = 1
            break
        } else if board[0][j] == "×" && board[1][j] == "×" && board[2][j] == "×" {
            win = 2
            break
        }
```

5-5 引き分けを判定してゲームオーバーにする

```
    }

    if (board[0][0] == "○" && board[1][1] == "○" && board[2][2] == "○")
|| (board[0][2] == "○" && board[1][1] == "○" && board[2][0] == "○") {
        win = 1
    } else if (board[0][0] == "×" && board[1][1] == "×" && board[2][2] ==
"×") || (board[0][2] == "×" && board[1][1] == "×" && board[2][0] == "×") {
        win = 2
    }

    if win != 0 {
        turnDisp.string = ""
        if win == 1 {
            winDisp.string = "○の勝ちです"
        } else if win == 2 {
            winDisp.string = "×の勝ちです"
        }
    }

    count += 1
    if count == 9 {
        turnDisp.string = ""
        winDisp.string = "引き分けです"
        winDisp.color = ■
    }
}
```

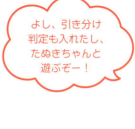

よし、引き分け判定も入れたし、たぬきちゃんと遊ぶぞー！

引き分けの場合の動作だけ確認しておきましょう。

⬆ 引き分けの場合は、「引き分けです」と表示されます。

以上で、この「3並べ」のプログラムは完成とします。もし、まだ気になる部分があるようなら、ぜひ自分でプログラムに改良を加えてみてください。それがいちばんの勉強になるでしょう。

CHAPTER

6

「15パズル」ゲームを
作ろう

「15パズル」ゲームについて知ろう

「15 パズル」ゲームとは、1 から 15 までの番号の付いた正方形のタイルを、4 × 4 のマスの中に並べ、1 枚分の隙間を使ってスライドさせながら並べ替えるというものです。

▶ 15パズルはどんなゲーム？

本物のパズルでは、自分で適当にタイルを動かしてバラバラにしてから、最上行に 1 〜 4、次の行に 5 〜 8、その下に 9 〜 12、そしていちばん下の行に 13 〜 15 と並べ、右下の角を空白にするというのが、一般的な完成形となるでしょう。とはいえ、実際にはそのような順番で並べるだけが正解とは限りません。逆順に並べたり、縦に並べたり、その他いろいろな並べ方に挑戦してみるという遊び方もありえます。と考えれば、このパズルには決まった正解はないということになります。

これをプログラムで再現するには、正方形の図形の上に数字を重ねて描いたものを 1 つのタイルとすればよさそうです。それを 4 × 4 のマスの中に並べるのも、それほど難しくはなさそうです。プログラムとしての課題となりそうなのは、タイルをどうやって動かすかということでしょう。

本物のパズルでは、隙間の隣にあるタイルを指で隙間の位置にスライドさせて動かします。その動きは、図形のドラッグで再現できるでしょう。ただし、隙間の隣にあるタイルは、隙間の方向に動かすしかないわけなので、ユーザーにドラッグさせる必要はありません。そこで、タイルにタッチするだけで、隙間の方向に自動的に動くようにします。最終的には、その動きにアニメーションを付けて、いかにもスライドしているように見えるようにします。

とりあえず、先に完成したプログラムの表示を見ておきましょう。

「15パズル」ゲームについて知ろう 6-1

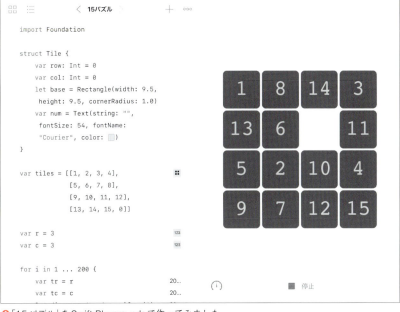

⬆「15 パズル」を Swift Playgrounds で作ってみました。

このパズルには、いま述べたように、特にゴールは設定しません。したがって、完成したという判定も付けないことにして、15 枚のタイル以外には、メッセージ表示などもなしとします。

ここでも、「図形」テンプレートから作ったプレイグラウンドに、新たなページ「15 パズル」を追加して、プログラムを書き始めましょう。

このゲームの正解は
1 つではない。
なので、判定はしない
ように作っていくのじゃ。

2 「タイル」を定義する

このプログラムでは、まず最初にパズルの1つのコマとなる「タイル」を定義するところから始めましょう。複数のデータを1つの変数にまとめられる構造体という仕組みを使います。

▶ タイルを作る方針を考える

すでに述べたように、タイルは正方形で、その真ん中に1～15までのいずれかの数字が書いてあるものとします。このようなもののベースとなる正方形は、長方形を表す図形 Rectangle クラスオブジェクトとして簡単に表現できます。

正方形なのに「長方形」は変だと思われるかもしれませんが、もともと正方形というのは長方形の特殊な場合です。たまたま長方形の縦と横の長さが同じになったとき、正方形に見えるわけですね。コンピューターグラフィックの世界では、正方形を長方形で表すのがごく普通のことです。その長方形の中央に、文字列を図形として扱う Text クラスのオブジェクトを重ねて配置すれば、それで少なくとも見た目は完璧な1枚のタイルになりそうです。

▶ タイルの正方形を定義する

このような方針で、試しに1枚のタイルを描くプログラムを書いてみましょう。Rectangle のオブジェクトは、作成と同時に色指定ができないので、とりあえずデフォルトの色のままにしています。一方、Text のオブジェクトは、フォントサイズ、フォント名、色まで指定しながら作成できるので、ここではそれぞれ適当に指定しています。

「15パズル」プログラム：タイルを定義する

```
let base = Rectangle(width 9.5, height: 9.5, cornerRadius: 1.0)
let num = Text(string: "15", fontSize: 54, fontName: "Courier", color: ■)
```

長方形の幅と高さは **9.5** にしてみました。半端な数字だと思われるかもしれませんが、あとで縦横に4つずつ並べて配置する際に、この半端な 0.5 の意味も明らかになります。それはともかく、1枚の幅と高さが約 **10** というのは、プレイグラウンドの座標系を考えると、ちょうどいい大きさということになります。長方形の角の丸みの半径は **1.0** としていますが、もちろん好みで変更しても構いません。数字は、とりあえず最大の **15** を、フォントサイズは **54**、フォント名は等幅の **Courier** で表示しています。色は黄色っぽい色を選びましたが、これももちろん自由に変更して構いません。このプログラムを動かして結果を見てみましょう。

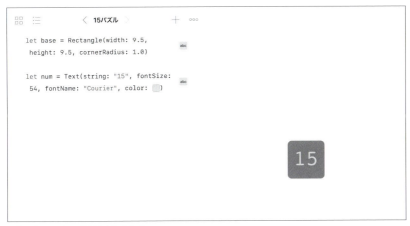

↑「15」のタイルが表示されました。

▶ 構造体でタイルを定義する

プレイグラウンドの右側画面の中央に、数字が **15** の1枚のタイルのようなものが表示されるはずです。今後は、これを「タイル」と思うことにしてください。最終的には、これと同様のタイルが縦4×横4のマスに1枚分の空白を残して15枚並ぶことになります。そうなっても、タイルの正方形と中の数字の大きさは変わらないので、

バランスが気に入らないという人は、ここで調整しておいても良いでしょう。

次のステップでは、このタイルを 15 枚作成して並べることになりますが、その前に考えておくべきことがあります。それは、`Rectangle` と `Text` のオブジェクトを組み合わせて作った、まったく同じ構造のタイルを 15 枚用意するのに、どのようなデータ構成にするのかということです。

もっとも原始的なのは、たとえば `tile1` から `tile15` のように 15 個の定数を別々に用意する方法です。それでも不可能ではないでしょうが、同じ定義を 15 回も繰り返して書かなければならないのが面倒です。とすると、`Rectangle` と `Text` のオブジェクトを、それぞれ、たとえば `bases` と `nums` のような配列に入れて管理するという方法のほうがよさそうに思えます。それなら、ループを 15 回だけ回して 15 枚のタイルが作成できそうです。しかしそれだけでは、ベースの長方形と数字のテキストを別々の配列に入れなければならず、あとの処理が煩雑になることが予想されます。

そこでここでは、長方形のオブジェクト、テキストのオブジェクト、そしてタイルの位置（縦と横それぞれ）を記憶する 2 つの変数を 1 つにまとめて扱える方法を採用することにしました。実は、そうするための方法にもいろいろと考えられるのですが、ここではもっとも基本的な「**構造体**」というものを使います。これは、複数の異なる種類の情報をまとめて 1 つのオブジェクトとして扱えるようにするためのもので、元を正せば C 言語の時代からあります。Swift では、`struct` というキーワードを使って定義することができます。構造体としてのタイルの定義は、以下のようにすれば良さそうです。

「3 並べ」プログラム：Tile の構造体を定義する

```
struct Tile {
    var row: Int = 0
    var col: Int = 0
    let base = Rectangle(width: 9.5, height: 9.5, cornerRadius: 1.0)
    var num = Text(string: "", fontSize: 54, fontName: "Courier", color: ■ )
}
```

基本的には、上で示した長方形とテキストのオブジェクトを作成するための 2 つの文に、`row` と `col` という `Int` 型の変数を加えた 4 種類の情報を `struct Tile {}` の中に押し込めたものです。ただし、テキストのオブジェクトは、あとで個別に数字の文字列（`string`）を変更する必要があるので、上のプログラムでは定数だったものを変数に変更してあります。追加した row と col は、タイルの位置（行と列）を表す変

タイルオブジェクトを作成する

このままでは、まだ `Tile` という型を定義したテンプレートのようなものなので、実行しても何も表示されません。この `Tile` のオブジェクトを 1 つ作って、表示させてみましょう。

「3 並べ」プログラム：Tile のオブジェクトを作る

```
var aTile = Tile()
aTile.num.string = "15"
```

構造体のオブジェクトは、クラスのオブジェクトと同じように構造体の名前の後ろに `()` を付けるだけで作成できます。その後、そのオブジェクトのプロパティ `num` の、さらに `string` プロパティに文字列 `"15"` を代入することで、タイルの数字を **15** に設定しています。

```
struct Tile {
    var row: Int = 0
    var col: Int = 0
    let base = Rectangle(width: 9.5,
     height: 9.5, cornerRadius: 1.0)
    var num = Text(string: "",
     fontSize: 54, fontName:
     "Courier", color: ■)
}

var aTile = Tile()
aTile.num.string = "15"
```

⬆「15」のタイルが表示されました。

表示としては、最初の原始的な例とまったく同じですが、プログラムの内容はかなり進歩しています。それは次の、タイルを 15 枚並べるステップで明らかになります。

3 15枚のタイルを並べる

1枚のタイルが表示できるようになったので、次にこれを15枚並べて表示することを考えます。ここでは2次元の配列を使って、15枚のタイルを管理する方法を紹介します。

▶ どうやって並べるか考えよう

すでに何度も述べましたが、15枚のタイルは、4×4の16マスの中に、1マス余らせて並べます。4×4のマスを画面の中央に配置するとすれば、中央から上に2行、下にも2行、また中央から左に2列、右にも2列となるように置けば良いでしょう。

タイル同士は、ぴったりくっつけて配置しても良いのですが、スライドさせれば動くという感じを出すためには、すこしずつ隙間を開けて配置したほうが良さそうです。実はタイルの縦横のサイズを **9.5** としていたのは、タイルを縦横ともちょうど **10.0** の間隔で並べたときに、各タイルとタイルの間に、少し（具体的には **0.5**）ずつの隙間が開くようにするためでした。「図形」テンプレートの図形オブジェクトでは、図形の中央の座標を指定して図形の位置を決めます。そのため、中央の座標を **10.0** 間隔で配置すれば、タイルの縦横のサイズが半端でも、タイルは **10.0** の等間隔で並ぶことになります。

15枚のタイルを並べるには……。
16個のマスがいるわね。
配列が使えないかしら？

以上の条件に沿って、16個のマスをプレイグラウンドの座標上に配置する際のレイアウトを考えてみましょう。

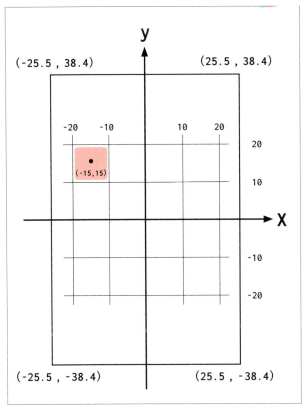

○16個のマスをプレイグラウンドの座標に配置する際のレイアウトイメージ。

以前に「3並べ」のところで述べたように、標準的なプレイグラウンドのグラフィック画面の座標は、中央が (0, 0) で、横が約 51、縦が約 76.8 となっています。1個の幅が 10.0 のマスが、横に4個、もちろん縦にも4個、十分に収まります。上の図は、タイルを1枚しか描いていませんが、左上の角に置くタイルの中央の座標は (-15.0, 15.0) となります。ついでに書けば、右上は (15.0, 15.0)、左下は (-15.0, -15.0)、右下は (15.0, -15.0) となりますね。

実際には上の図に見えているような罫線を引くわけではありませんが、架空の罫線に囲まれたマスの中央にタイルを配置していくことになります。とりあえず、どの番号のタイルを、どの位置に置くかということを決めてしまいましょう。そのためには、これも「3並べ」で使ったのと同じような2次元の配列を利用します。ただし、今度

は要素の数が 4 × 4 の 16 個になります。

> 「3 並べ」プログラム：2 次元の配列を宣言する

```
var tiles = [[1, 2, 3, 4],
             [5, 6, 7, 8],
             [9, 10, 11, 12],
             [13, 14, 15, 0]]
```

マスの各行の数字を示す 4 つの要素からなる配列を、4 つの要素とする配列です。1 から 15 の数字は、その位置のタイルに表示する数字そのものです。そして 0 という表示のタイルはないので、その数字でタイルのない空のマスを表すことにしました。

▶ 2 重のループで数値のタイルを作成する

この配列が準備できたら、あとは 2 重のループを使って、配列の内容を順次読み取り、その数字のタイルを作成して配置していきます。その際にタイルを置く位置の座標は、上の配列の数字の位置から計算しています。たとえば左上角の 1 の数字は、配列のインデックスでいえば、tiles[0][0] にあります。一方、右下角の左隣の 15 の数字は、配列のインデックスでは tile[3][2] の位置にあります。まずこの位置関係を図で確認しておきましょう。

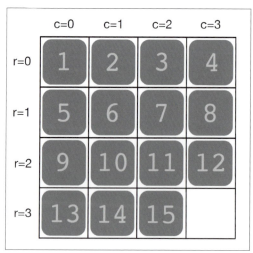

◐ 配列のインデックスとタイルの位置関係。

この図では、行のインデックスは r で、列のインデックスは c で表しています。この r と c の値から、各タイルの中央の座標を計算してみましょう。当然ながら、x 座標はタイルの横方向の位置を表す c から求まります。同様に y 座標はタイルの縦方向の位置を表す r から計算できます。

これまでの 2 つの図を見比べながら考えると、c が 0 のときに x 座標は -15、1 なら -5、2 で 5、3 で 15 となります。なんだか中学校の数学の問題のようですが、これを式で表すと以下のようになるでしょう。

「3 並べ」プログラム：x 座標を求める式

```
x = (c - 2) * 10.0 + 5.0
```

同様に y 座標を考えてみると、r が 0 のときに 15、1 なら 5、2 で -5、3 で -15 のように変化します。これは、以下のような式で表せます。

「3 並べ」プログラム：y 座標を求める式

```
y = (1 - r) * 10.0 + 5.0
```

これらの式をそのままプログラム組み込んで、各タイルの中央の座標値を求め、15 枚のタイルを配置してみます。r と c をインデックスとして、2 重の for ループによって、4×4 のマス目に沿ってタイルを置いていきます。このプログラムでは、構造体からタイルのオブジェクトを作成するついでにタイルの色を設定しています。

「3 並べ」プログラム：15 個のタイルを作成する

```
for r in 0 ... 3 {
    for c in 0 ... 3 {
        if tiles[r][c] != 0 {
            var tile = Tile()
            tile.num.string = String(tiles[r][c])
            tile.row = r
            tile.col = c
            let loc = Point(x: Double(c - 2) * 10.0 + 5, y: Double(1 - r) * 10 + 5)
            tile.base.center = loc
            tile.base.color = ■
            tile.num.center = loc
```

```
        }
    }
}
```

ここまでのプログラムを実行してみましょう。

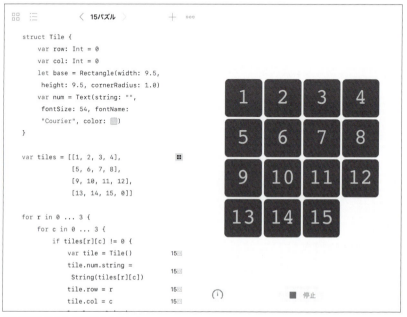

○15個のタイルが作成されました。

1〜15の数字が書かれたタイルがきれいに並びました。なんだか、このままタイルを動かしてプレイできそうな気もしてきますが、もちろんまだタイルにタッチしても何も起こりません。

4 タッチしたタイルを空白のマスに移動する

それでは、タイルにタッチして動かすためには、何をすれば良いのか、考えていきましょう。いきなりプログラムを書くのも難しそうなので、まずは日本語で考えてみます。

▶ タイルを動かすルールを考える

あるタイルにタッチしたときに、そのタイルが動かせるものなのかどうか、まずチェックする必要があります。まわりをほかのタイルで囲まれていては動かすことができません。そのためのチェックですが、これは、上下左右の 4 方向を調べる必要があります。タイルは斜めには動かせないので、タイルの正方形の辺が接している 4 方向だけを調べれば良いわけです。もし上下左右のいずれかの方向に空白のマス、つまりタイルがないマスが見つかれば、タッチしたタイルは、その方向にだけ動かすことができます。空白のマスは常に 1 つだけなので、動かせるとしても、それは 1 方向だけとなります。

次に実際にタイルを動かす操作を考えましょう。タイルを動かすには、まずそのタイルを表示している図形を動かすことが必要です。具体的には長方形と数字のテキストの中央の座標を、空白のマスの中央に設定します。ただしそれだけでは、見た目が移動しただけです。それに加えて、すべてのタイルの位置を記録している `tiles` 配列の内容も更新する必要があります。そこには 2 段階のデータの更新が含まれます。1 つはタッチされたタイルが元あった位置を空白にすること。もう 1 つは、タイルの移動先の位置に、そのタイルの番号を書き込むことです。そこは元は空白だった場所なので、ほかのタイルの情報を上書きしてしまう心配はありません。以上を手順として整理します。

① タイルの周りの4方向に空白のマスがあるかどうか調べる
② 空白が見つかれば、その位置にタイルを移動する
③ tiles配列のタイルの元の位置を空白（0）に設定する
④ tiles配列のタイルの新しい位置にタイルの番号を書き込む

まず①の4方向のマスのチェックから、具体的な手順を考えていきます。ここでは15個のタイルのうち、ユーザーがタッチしたのが、最初の状態の **12** の位置のタイルだったとします。このタイルは、上と左には別のタイルがあるので、その方向には動かせません。また右は、4×4のマスをはみ出してしまうので、そちらの方向にも動かせません。しかし、下の方向は空白なので、そこには動かすことができます。

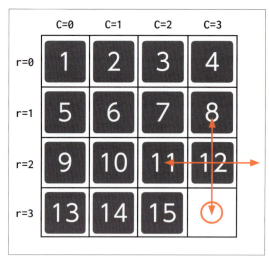

○「12」のタイルは下方向にのみ動かせます。

▶ タイルを動かすルールをコードに置き換える

このようなチェックをプログラムに置き換えていきましょう。まず、タッチされたタイルの位置から見て上のマスは、行のインデックス `r` の値が、そのタイルの位置の `r` の値よりも1だけ小さいことになります。列のインデックス `c` の値は変わりません。つまりタイルの配列を記憶している `tiles` 配列の中では、そのタイルの上にあるマスの位置は `tiles[tile.row - 1][tile.col]` で調べられることになります。同様に下のマスは、`r` の値が1大きく、`c` の値は変わりません。右のマスは、`r` の値は変わら

ず、`c` の値が 1 だけ大きくなります。そして左のマスも `r` の値は変わりませんが、`c` の値が 1 だけ小さくなります。これらの位置関係を、`tiles` 配列のインデックスとして図にまとめておきます。

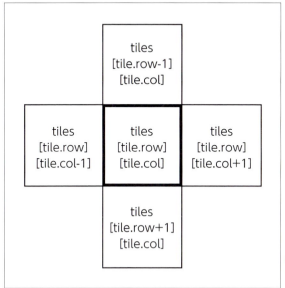

⊖ 上下左右のマスの位置関係を、配列のインデックスで表現してみました。

実際のチェックでは、これらのインデックスを指定した際の `tiles` 配列の値が `0` かどうかを調べれば良いわけです。ただし、最初に説明したように、チェックの際に 4 × 4 のマスをはみ出すことがあります。そのはみ出した部分については、`tiles` 配列の値のチェックを実行してはいけません。なぜなら、配列のインデックスが、実際に定義されている配列の範囲をはみ出してしまうからです。そうすると、一般に原因究明が難しいとされる実行時のエラーが発生してしまいます。

たとえば、上のマスをチェックする際には、タッチされたタイルの位置が、4 × 4 のマスのいちばん上にないことを確認してからにします。言い換えれば `r` の値が `0` より大きいとき（1、2、3 のいずれか）だけ、上のマスをチェックできることになります。同様に、下のマスをチェックできるのは、`r` の値が `3` より小さいときだけです。また右のマスをチェックできるのは、`c` の値が `3` より小さいとき、そして左のマスをチェックできるのは、`c` の値が `0` より大きいときだけです。

以上のような上下左右方向のチェックをプログラムとして書いてみましょう。

「3 並べ」プログラム：上下左右方向の空白をチェック

```
if (tile.row < 3) && (tiles[tile.row + 1][tile.col] == 0) {
    // 下に空白があった場合の処理
} else if (tile.row > 0) && (tiles[tile.row - 1][tile.col] == 0) {
    // 上に空白があった場合の処理
} else if (tile.col < 3) && (tiles[tile.row][tile.col + 1] == 0) {
    // 右に空白があった場合の処理
} else if (tile.col > 0) && (tiles[tile.row][tile.col - 1] == 0) {
    // 左に空白があった場合の処理
}
```

このプログラムでは、実際には下、上、右、左の順に調べています。タッチされたタイルの r の値は、`tile.row` なので、たとえばそのタイルが 4 × 4 のマスのいちばん上ではないという条件式は `tile.row > 0` ということになります。また、上のマスの `tiles` の値が 0 かどうかを調べる条件式は `tiles[tile.row - 1][tile.col] == 0` です。両者を `&&` で結ぶことによって、両方の条件が成立した場合にのみ、この if 文の条件が真ということになり、「上に空白があった場合の処理」、つまり、タッチされたタイルを上に移動する処理を実行することになります。実際には `&&` の左側の `tile.row > 0` が成立する場合のみ、`&&` の右側の配列のチェックを実行するので、インデックスが範囲を超えてエラーになってしまうことはありません。

次に②の、タッチされたタイルを、空白のマスに移動するプログラムを考えましょう。これは、上の条件のいずれかが成立した場合の処理として書く部分です。とりあえず、下のマスが空白だったと仮定して、タイルを下に移動する場合を考えます。まずは見た目の移動、つまりタイルのベースの長方形と数字のテキストの中心の座標を変更する部分です。下に移動するには y 座標だけを 10 だけ減らせば良いのでした。そこで、それぞれの図形の `center` プロパティの y を 10 減らします。

「3 並べ」プログラム：タイルを下に移動する場合の座標の変更

```
tile.base.center.y -= 10
tile.num.center.y -= 10
```

これは特に問題ないでしょう。念のために付け加えると、上に移動する場合は y 座標を 10 増やし、右に移動する場合は x 座標を 10 増やし、左に移動する場合は x 座標を 10 減らせば良いのです。

これで、タイルを構成する図形の見た目の移動ができたので、次は、すべてのタイル

の位置を記憶している `tiles` 配列の中身のデータの更新です。これは先に挙げた手順の③と④という2つのステップで考えます。まず③のステップは、元タイルがあった位置に `0` を代入して、その位置を新たな空白にすることでした。次の④のステップは、タイルの移動先の位置の値として、そのタイルの数字を代入します。

まずステップ③では、タイルの元の位置に `0` を代入する前に、そのタイル自身の数字を保存するため、`this` という定数を用意して代入してから、そのタイルの元の位置に `0` を入れます。

「3並べ」プログラム：タイルの元の位置に 0 を代入

```
let this = tiles[tile.row][tile.col]
tiles[tile.row][tile.col] = 0
```

続くステップ④では、まずタイルのプロパティの座標値を、移動後の値に更新します。下に移動する場合には、`row` の値を1増やします。もし上なら `row` の値を1減らし、右なら `col` の値を1増やし、左なら `col` の値を1減らすことになります。その後、前のステップ③で保存しておいた、タイルの番号 `this` を、移動後の位置の配列の値として代入します。

「3並べ」プログラム：タイルを下に移動する場合の処理

```
tile.row += 1
tiles[tile.row][tile.col] = this
```

これで、タイルが元あった位置を空白にして、新たな位置にタイルを移動する処理が完了します。

▶ タイルを動かす処理をプログラムに組み込む

さて、これでタッチされたタイルを移動する処理の中身としては、必要なすべてのプログラムが出揃いました。あとは、これを元のプログラムのどこにどのように組み込んでいくかです。実はこれは難しくありません。すでに動かしてみた、タイルを15枚並べるプログラムでは、4×4の2重の `for` ループの中で、作成したタイルのオブジェクトのプロパティをあれこれと設定していました。たとえば、タイルを構成する数字のテキストの中央の座標は、以下のようにして設定していました。

「3 並べ」プログラム：数字テキストの座標を設定
```
tile.num.center = loc
```

このすぐ後で、個々のタイルに、イベントに対応する処理を設定すれば良いのです。ところで、ユーザがタイルにタッチしたというイベント処理は、どのオブジェクトに付ければ良いでしょうか。ベースの長方形でしょうか、数字のテキストでしょうか。面積からすれば、長方形の方が良さそうにも思えますが、問題は長方形の上に数字のテキストが乗っているということです。「図形」テンプレートで描く図形が重なっていたとき、ユーザーのタッチ操作を最初に受け取るのは、いちばん上に乗っている図形オブジェクトなのです。

ということは、数字のテキストのオブジェクト num の方にイベント処理を付ければ良さそうです。そして、そのイベント処理は、代入式にはなっていないものの、プロパティと同じような感覚でオブジェクトに付けることができるのです。そこで、上の数字テキストのオブジェクトの center プロパティを設定したすぐ後に、以下のようにしてイベント処理を設定すれば良いのです。

「3 並べ」プログラム：タッチしたときのイベント処理
```
tile.num.onTouchUp {
    // タイルにタッチしたイベントに対応する処理
}
```

このイベント処理の中身は、ここまで説明してきた、移動可能な空白のマスがあるかどうかを判断し、あればその方向にタイルを移動する処理、つまり①〜④のステップすべてです。ここまでは、下に空白があって、その方向に移動する場合についてのプログラムだけを示してきましたが、実際には、上下左右の 4 方向に合わせて少しずつ修正した移動処理を入れていきます。

それでは、タイルを 15 枚並べた後、各タイルにタッチ操作に対するイベント処理を加えたプログラム全体を示しましょう。最初の Tile 構造体の定義や、tiles 配列の初期化も含む完全なプログラムです。

「3 並べ」プログラム
```
struct Tile {
    var row: Int = 0
```

```
        var col: Int = 0
        let base = Rectangle(width: 9.5, height: 9.5, cornerRadius: 1.0)
        var num = Text(string: "", fontSize: 54, fontName: "Courier", color: ■ )
}

var tiles = [[1, 2, 3, 4],
             [5, 6, 7, 8],
             [9, 10, 11, 12],
             [13, 14, 15, 0]]

for r in 0 ... 3 {
    for c in 0 ... 3 {
        if tiles[r][c] != 0 {
            var tile = Tile()
            tile.num.string = String(tiles[r][c])
            tile.row = r
            tile.col = c
            let loc = Point(x: Double(c - 2) * 10.0 + 5, y: Double(1 - r) * 10 + 5)
            tile.base.center = loc
            tile.base.color = ■
            tile.num.center = loc
            tile.num.onTouchUp {
                if (tile.row < 3) && (tiles[tile.row + 1][tile.col] == 0) {
                    tile.base.center.y -= 10
                    tile.num.center.y -= 10
                    let this = tiles[tile.row][tile.col]
                    tiles[tile.row][tile.col] = 0
                    tile.row += 1
                    tiles[tile.row][tile.col] = this
                } else if (tile.row > 0) && (tiles[tile.row - 1][tile.col] == 0) {
                    tile.base.center.y += 10
                    tile.num.center.y += 10
                    let this = tiles[tile.row][tile.col]
                    tiles[tile.row][tile.col] = 0
                    tile.row -= 1
                    tiles[tile.row][tile.col] = this
                } else if (tile.col < 3) && (tiles[tile.row][tile.col + 1] == 0) {
```

```
                        tile.base.center.x += 10
                        tile.num.center.x += 10
                        let this = tiles[tile.row][tile.col]
                        tiles[tile.row][tile.col] = 0
                        tile.col += 1
                        tiles[tile.row][tile.col] = this
                    } else if (tile.col > 0) && (tiles[tile.row][tile.col - 1] == 0) {
                        tile.base.center.x -= 10
                        tile.num.center.x -= 10
                        let this = tiles[tile.row][tile.col]
                        tiles[tile.row][tile.col] = 0
                        tile.col -= 1
                        tiles[tile.row][tile.col] = this
                    }
                }
            }
        }
    }
}
```

▶ プログラムを実行して確かめる

このプログラムを動かしてみましょう。数字はタイルの中央にあるので、タイルにタッチしようとすれば、自然と数字のテキストにタッチすることになります。そのため、このプログラムは期待通りに動くはずです。

実際は、タイルの上にある数字にタッチしているのね！

6-4 タッチしたタイルを空白のマスに移動する

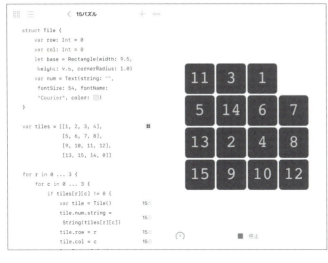

○ タイルにタップすると、空白のマスに移動する。

空白のマスの隣にあるタイルにタッチすれば、それが上下左右のどちらの方向にあるかには関係なく、タッチしたタイルが、元は空白だった位置に移動します。そして、当然ながら、移動したタイルが元あった位置が空白になるのです。

これでだいたい本物の「15パズル」と同じように遊べるようになりました。このゲームは、このあたりまでにして次に進んでも良いのですが、あともう2点ほど手を加えたいと思います。1つは、タイルの動きにアニメーションを付けて、スムーズに移動するようにすること。もう1つは、最初に1〜15のタイルが揃った状態ではなく、並びが崩れた状態から始めることで、ユーザーにパズルを解くことを課題として与えられるようにすることです。

5 タイルの移動にアニメーションを付ける

ここでは、タイルを動かすアニメーションをプログラムに付け加えましょう。「図形」テンプレートの「アニメート」ページで学んだ内容を思い出しながらプログラムを書きます。

▶ アニメーションのコードを追加する

まずは、タイルの動きをアニメーション化するという、ちょっと難しそうに見えて、実は簡単なところから手を加えます。ここまでのプログラムを実際に動かしてみると分かりますが、タッチしたタイルは隣にある空白のマスに瞬間移動しているはずなのに、それほど不自然には感じません。それは人間の目、というよりも人間の脳が、勝手に動きを想像して、タイルがすごい速さで動いているように感じるからです。それは一種の錯覚と言えるものです。ただし、その感じ方は人によっても異なるので、やはり瞬間移動しているようにしか見えないという人もいるでしょう。そこでタイルがもっとスムーズに動くようなアニメーションを付けて、誰の目にも、いかにもスライドしながら動いてるように見せようというわけです。

「図形」テンプレートのアニメーション機能については、この章の最初に、このテンプレートに最初から含まれるページを紹介したとき、簡単に説明しています。それは、その名も「アニメート」というタイトルページにあった、直線の回転にアニメーションを加えるものでした。思い出してみると、`animate {}` という、ちょっと変わった書き方をして、その `{}` の中に、アニメーション効果を付けたい動きを書けば良いのでした。その動きは、ほとんどの場合、図形オブジェクトのプロパティの変更という形で表現します。「アニメート」ページの直線のアニメーション付き回転部分のコードを、もう一度抜き出して見てみましょう。

アニメートのコード

```
animate {
    line.rotation += Double.pi / 4
}
```

これは、図形の回転角度を表す `rotation` プロパティの値を変更して、45度だけ回転させるという動きを `animate {}` でくくってアニメーション化したものです。ほかにも、図形の大きさや位置、また色なども、これと同じようにしてアニメーション付きの変化を加えることができます。ただし、上の直線の回転を見てもわかるように、アニメーションはとても速く、瞬きしているくらいの間に変化は終わってしまいます。このプログラムでは、タイルの中心の座標を変化させる部分にアニメーションを付けます。それによって、タイルがスライドしながら動くように見えるはずです。たとえばタイルを下方向に動かす部分にアニメーションを付けるには、長方形とテキストのオブジェクトの中央のy座標を変更している部分を、`animate {}` の中に入れて、以下のように書くことができます。

「3並べ」プログラム：タイルを下に移動

```
animate {
    tile.base.center.y -= 10
    tile.num.center.y -= 10
}
```

タイルを上、右、左に動かす部分も同じですが、念のために、それぞれのコードを示します。上に動かす部分をアニメーション化するコードは以下のようになります。

「3並べ」プログラム：タイルを上に移動

```
animate {
    tile.base.center.y += 10
    tile.num.center.y += 10
}
```

右にアニメーション付きで動かすには以下のようにします。

「3並べ」プログラム：タイルを右に移動

```
animate {
```

```
    tile.base.center.x += 10
    tile.num.center.x += 10
}
```

そして左の動きにアニメーションを付ける部分は、以下のようにします。

「3 並べ」プログラム：タイルを左に移動

```
animate {
    tile.base.center.x -= 10
    tile.num.center.x -= 10
}
```

変更は上のようにごくわずかなので、ここでは全体のコードは示しません。残念ながらアニメーションの動きを紙面で示すことはできないので、各自プログラムを動かして、微妙ながら大きな効果の違いを確認してください。これだけでも、プログラムの完成度がかなり上がったように見えるはずです。

6 15枚のタイルを ランダムに並べる

最後に、きれいに並んだタイルを崩した状態にしてからゲームを始められるようにしましょう。適当に並べるだけだと解けなくなってしまうことがあるので、工夫が必要です。

▶ ただランダムに並べればいいわけじゃない

ここまでのプログラムでは、最初は 15 枚のタイルが「揃った」状態になっています。これはパズルとしては 1 つの完成形なので、それで遊ぶためには、それなりの準備が必要となります。それは、そこから適当に次々と無作為にタイルを動かしていって、数字の並びがでたらめになったように見える状態にするということです。そこから、再び数字を揃えることを目標にして、パズルを解くことが始まります。これは、本物の 15 パズルでも同じですね。しかし、最初にコツコツと 1 枚ずつタイルを動かして適当に並び替えるのも面倒なので、その操作を自動化することを考えます。

プログラムを起動したときに、タイルがとりあえず「ランダムに」並ぶように `tiles` 配列の中身を決めれば、揃っているタイルを「崩す」手間が省けるでしょう。本書でもこれまでに何度も出てきた乱数を使って、その配列の並びを決めればよさそうにも思えます。しかし、この 15 パズルには、最初のタイルの並び方によって、絶対に解けない、つまり 1 ～ 15 の順に並ぶように揃えることのできないパターンがあるのです。たとえば、1 と 2 のタイルの位置だけが入れ替わった並びから始めても、他のタイルを含めて動かしても、その 2 枚のタイルの位置だけを入れ替えて、順番に並べることはできません。嘘だと思ったら、`tiles` 配列を定義している部分の以下のように変更して試してみてください。

絶対に解けないタイルの組み合わせ

```
var tiles = [[2, 1, 3, 4],
             [5, 6, 7, 8],
             [9, 10, 11, 12],
             [13, 14, 15, 0]]
```

これによって、盤面のタイルの並びはこのようになります。

↑ このようなタイルの組み合わせは絶対に解けません。

これはいくら頑張っても、1〜15の順に並べることができないでしょう。ほかの部分でも、隣り合う2枚だけが入れ替わったものは解けないでしょう。これは、なかなか難しい数学の問題ですが、ほかにも解けないパターンの並びはありそうです。苦労して並べていったのに、最後の最後にどうしても順番に並ばないことが分かったのでは興醒めしてしまいます。このパズルのゲームとしての価値も台無しです。余談ですが、本物の15パズルのタイルが、盤から外すことができず、1枚ずつスライドする動きしかできないようになっているのは、そのためでもあります。タイルを全部外して適当にはめ込んだのでは、解けないパターンになってしまうことがあるのです。も

ちろん、それによってタイルを無くさないようになるという効果も生まれます。

必ず解けるパターンを作るには

そこで、一見ランダムに並べたように見えて、必ず並ぶパターンから始められる方法を考えましょう。そのためのもっとも確実な方法として、1〜15の順に並んでいる状態から始め、プログラムによって自動的にタイルを1枚ずつ動かしていくことが考えらます。それを何百回か繰り返して、人間から見ればランダムに並んでいるように見えるところまで並び替えるのです。

具体的なプログラムとしては、空白のマスに着目して、乱数を使って、空白のマスの上下左右いずれかの方向にあるタイルを動かせばよさそうです。タイルを動かせば、空白のマスの位置も動くので、こんどはその新しい空白の位置から、上下左右いずれかの方向にあるタイルを動かす、ということを延々と繰り返すのです。もちろん、空白が端にある場合には、4×4のマスからはみ出す方向にはタイルはないので動かせません。その判断も難しくないでしょう。最初の状態では空白は右下角の位置であることがわかっています。そこから始めて、あらかじめ設定した回数だけランダムにタイルを動かしていきます。

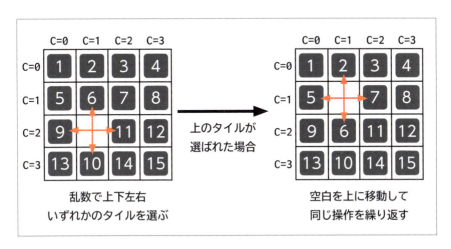

乱数でどのタイルを動かすか決める

このような操作を、最初は揃った状態の `tiles` 配列の中のデータに対して加えます。そこから先のプログラムは、これまでのものがそのまま使えます。プログラムによって自動的に崩された配列に従って、長方形と数字テキストからなる目に見えるタイルを表示するのです。

このプログラムの動きは、すでに実現している部分の、ユーザーがタッチしたタイルの周囲にある空白のマスを見つけて、その位置に動かす処理と共通する部分が多くあります。ただし、動作の起点がタイルではなく空白のマスになっている点は違います。その空白のマスの上下左右にあるタイルのうち、どれを動かすかを乱数で決めて、その選んだタイルを空白の位置に動かすのです。その際に、新たな空白の位置が、元タイルがあった位置に移動する、つまり、タイルと空白を入れ替えるようにする部分も考え方は同じです。

まず乱数を使って、空白の上下左右、どの位置のタイルを動かすか決める部分のプログラムの骨格を示しましょう。

「3 並べ」プログラム：どのタイルを動かすか決定する

```
let dir = arc4random_uniform(4)
switch dir {
    case 0:
        // 空白の上のタイルを動かす処理
    case 1:
        // 空白の右のタイルを動かす処理
    case 2:
        // 空白の下のタイルを動かす処理
    case 3:
        // 空白の左のタイルを動かす処理
    default:
        break
}
```

ここでは、まず`arc4random_uniform()`ファンクションに引数として`4`を与え、`0`、`1`、`2`、`3`のいずれかの値をランダムに得ます。その値が`0`なら上、`1`なら右、`2`なら下、`3`なら左のタイルを、元の空白の位置に動かすことにします。

まずは、空白の上にあるタイルが選ばれた場合を考えてみましょう。その際、元空白のあった場所の行を`r`として、動かすタイルの行`tr`を求めます。もし、空白が4×4のマスのいちばん上の行にあったとすると、行`r`の値は`0`です。その場合、その上にはタイルがないので、動かすことができません。そのときにはしかたがないので、反対の下にあるタイルを動かすことにして、`tr`の値を`1`に設定します。空白がいちばん上ではなかった場合、つまり`r`の値が`0`でない場合には、上のタイルの行の値`tr`は`r - 1`となります。これをプログラムで表すと、以下のようになります。

「3 並べ」プログラム：空白の上の行を指定する

```
if r == 0 {
    tr = 1
} else {
    tr = r - 1
}
```

これは、右、下、左のタイルを動かそうとする場合も同じです。ただし、右または左のタイルを動かす場合には、元の空白の列 c から、動かすタイルの列 tc を求めます。こうして、動かすタイルの行と列が求まったら、空白とタイルの位置を入れ替える操作を実行します。それは以下のように書けるでしょう。

「3 並べ」プログラム：空白とタイルの位置を入れ替える

```
let tt = tiles[tr][tc]
tiles[tr][tc] = 0
tiles[r][c] = tt
r = tr
c = tc
```

以上のようにして、最初にタイルをランダムに、かつ必ず解けるようにする機能を加えた全体のプログラムを示します。ここでは、200 回の for ループによって、最初のタイルをシャッフルしています。乱数を発生させる `arc4random_uniform()` を使うため、先頭で `Foundation` をインポートしています。

「3 並べ」プログラム

```
import Foundation

struct Tile {
    var row: Int = 0
    var col: Int = 0
    let base = Rectangle(width: 9.5, height: 9.5, cornerRadius: 1.0)
    var num = Text(string: "", fontSize: 54, fontName: "Courier", color: ■)
}

var tiles = [[1, 2, 3, 4],
             [5, 6, 7, 8],
             [9, 10, 11, 12],
             [13, 14, 15, 0]]

var r = 3
var c = 3

for i in 1 ... 200 {
    var tr = r
```

```
        var tc = c
        let dir = arc4random_uniform(4)
        switch dir {
        case 0:
            if r == 0 {
                tr = 1
            } else {
                tr = r - 1
            }
        case 1:
            if c == 3 {
                tc = 2
            } else {
                tc = c + 1
            }
        case 2:
            if r == 3 {
                tr = 2
            } else {
                tr = r + 1
            }
        case 3:
            if c == 0 {
                tc = 1
            } else {
                tc = c - 1
            }
        default:
            break
        }
        let tt = tiles[tr][tc]
        tiles[tr][tc] = 0
        tiles[r][c] = tt
        r = tr
        c = tc
    }

    for r in 0 ... 3 {
        for c in 0 ... 3 {
```

```
            if tiles[r][c] != 0 {
                var tile = Tile()
                tile.num.string = String(tiles[r][c])
                tile.row = r
                tile.col = c
                let loc = Point(x: Double(c - 2) * 10.0 + 5, y: Double(1 - r) * 10 + 5)
                tile.base.center = loc
                tile.base.color = ■
                tile.num.center = loc
                tile.num.onTouchUp {
                    if (tile.row < 3) && (tiles[tile.row + 1][tile.col] == 0) {
                        animate {
                            tile.base.center.y -= 10
                            tile.num.center.y -= 10
                        }
                        let this = tiles[tile.row][tile.col]
                        tiles[tile.row][tile.col] = 0
                        tile.row += 1
                        tiles[tile.row][tile.col] = this
                    } else if (tile.row > 0) && (tiles[tile.row - 1][tile.col] == 0) {
                        animate {
                            tile.base.center.y += 10
                            tile.num.center.y += 10
                        }
                        let this = tiles[tile.row][tile.col]
                        tiles[tile.row][tile.col] = 0
                        tile.row -= 1
                        tiles[tile.row][tile.col] = this
                    } else if (tile.col < 3) && (tiles[tile.row][tile.col + 1] == 0) {
                        animate {
                            tile.base.center.x += 10
                            tile.num.center.x += 10
                        }
                        let this = tiles[tile.row][tile.col]
                        tiles[tile.row][tile.col] = 0
                        tile.col += 1
                        tiles[tile.row][tile.col] = this
```

```
            } else if (tile.col > 0) && (tiles[tile.row][tile.col - 1] == 
0) {
                animate {
                    tile.base.center.x -= 10
                    tile.num.center.x -= 10
                }
                let this = tiles[tile.row][tile.col]
                tiles[tile.row][tile.col] = 0
                tile.col -= 1
                tiles[tile.row][tile.col] = this
            }
        }
      }
    }
  }
```

プログラムを動かして、ランダムに見える並びからスタートすることを確認しましょう。

CHAPTER 6 「15パズル」ゲームを作ろう >>>

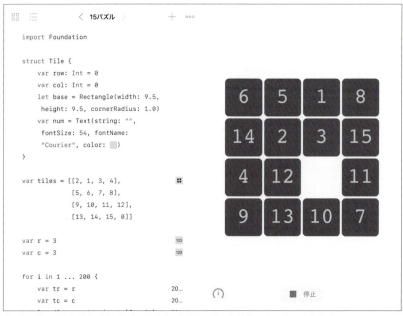

⬆ プログラムを実行すると、タイルのならびがランダムな状態からスタートします。

この程度バラバラになっていれば、パズルとして十分遊べるのではないでしょうか。回数をいろいろと調整して、どんな並びなるのか確認してみてください。

CHAPTER 7

「神経衰弱」ゲームを作ろう

CHAPTER 7 「神経衰弱」ゲームを作ろう >>>

1 「神経衰弱」ゲームとは？

本章では「図形」テンプレートを使って神経衰弱を作っていきます。まずは、神経衰弱がどんなゲームだったかを確認し、Swift Playgrounds で再現する方法を考えてみましょう。

▶ 神経衰弱の仕組みとルールを考えよう

説明は不要だと思いますが、「神経衰弱」はバラバラにしてテーブルや床の上に伏せておいたカードを、2枚ずつめくって、数字が同じなら取ることができ、数字が合わなければまた元に戻すということを繰り返すゲームですね。複数の人間が交代でプレイすれば、最後に伏せたカードがなくなったとき、だれがいちばん多くのカードを取ったかを競うことができます。もちろん一人でも遊べます。その際は、自分の記憶力を鍛えるつもりでプレイすると良いでしょう。時間を計って、成績を付けても良いかもしれません。

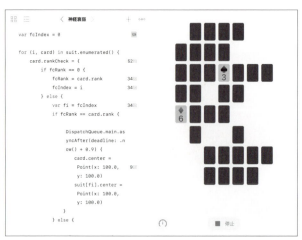

○Swift Playgrounds で神経衰弱を作ってみました。

「神経衰弱」ゲームとは？ 7-1

ここで作る神経衰弱は、とりあえず一人用とします。ただし、各自が取った枚数をメモしたり、憶えておけば、何人でも遊べます。できるだけシンプルにするために、得点の表示や時間の計測機能は省きます。一通りプログラムが理解できたら、そのあたりの機能の追加に挑んでみるのも良いでしょう。

まず、茶色の縦長長方形が伏せられたカードが並んでいます。その伏せたカードにタッチすると、カードをめくってマークと数字を見ることができます。めくったカード1枚目は、2枚目をめくるまで表示されたままになります。2枚目をめくったとき、その数字が1枚目と一致していれば、しばらくの間両方を表示してから、2枚のカードは画面から消えます。つまり**取った**ことになります。一致していなければ、やはりしばらく表示したあとで、2枚のカードは元の伏せた状態に戻ります。

もちろん、プログラムを起動するたびに、カードは毎回ランダムな位置に並ぶようにします。当然ながら、伏せた状態のカードが動くことはありません。めくったカードを**しばらくの間**だけ表示しておくという時間の概念が入るので、これまでのプログラムとは、ちょっとだけ違った要素が必要となります。

このプログラムも、「図形」テンプレートから作ったプレイグラウンドに、新たな「神経衰弱」のページを追加して始めましょう。

CHAPTER 7 「神経衰弱」ゲームを作ろう

2 「カード」の表(おもて)面をデザインする

前の「15パズル」では、まず1枚のタイルの外観を定義するところから始めました。このプログラムでも、1枚のカードの外観を表示してみるところから始めます。

▶ カードの構造を考える

最終的にはカードの構造は、15パズルのタイルに比べてずっと複雑になります。それもあって、最初に書く外観のプログラムをそのまま使うことはできませんが、カードの形と大きさ、中のマーク、数字の位置や大きさなどの設定は、最後までそのまま利用することになります。

トランプのカードには、言うまでもなく表と裏があります。どちらが表でどちらが裏なのか、人によって思うところは違うかもしれませんが、ここでは1枚ごとに異なる数字とマークが書いてあるほうを**表**、すべてのカードで共通の模様のような面を**裏**と呼ぶことにします。

このプログラムでは裏面は手を抜いて、単なる一色の塗りつぶしとすることにします。表面も、プレイグラウンドの1画面に52枚を並べて表示することを考えると、それほど凝ったものにはできません。せいぜい数字とマークを縦に並べて表示するのが精いっぱいでしょう。

そして、できるだけ労力を減らすため、カードのマークはiPadの絵文字で表現することにしました。iPadの絵文字キーボードの後ろのほうには、♠、♣、♥、♦のような4つのマークが揃っています。それらを利用して、長方形のベースの上に、数字のテキストとマークのテキストを、少しずつずらして重ねることで、1枚のカードの表面を表現することになります。

▶ トランプのコードを書く

方針が決まったので、まずベースとなる長方形のサイズを決めましょう。これは、やはり52枚を1画面に並べることを考慮して、プレイグラウンドの座標系で幅が4.0、高さが6.0とすることにしました。角の丸みも軽く付けます。表面の色は薄いグレーに設定することにしましょう。これをプログラムで表すと以下のようになります。

「神経衰弱」プログラム：トランプのカードを作る
```
let rect = Rectangle(width: 4.0, height: 6.0, cornerRadius: 0.5)
rect.color = □
```

`Rectangle`クラスのオブジェクトを、幅に4.0、高さに6.0、そして角の丸みに0.5を指定して作成し、塗りつぶしの色を薄いグレーに設定しています。

次に、このベースの長方形の上に重ねて、カードの数字を描きます。ご存知だと思いますが、トランプカードの数字の表記は、ちょっと特殊です。数字の範囲は1から13までですが、そのうち1と、11から13までの計4種は、そのまま数字を表記するのではなく、1はA、11はJ、12はQ、13はKで表すのが普通です。その方法については、ちょっと後で考えることにして、ここでは数字の中で唯一2桁で表す「10」を表示してみましょう。それによって2桁表記の際のバランスを確認したいからです。トランプのサイズに合わせると、数字のサイズは28程度が良さそうです。プログラム化してみましょう。

「神経衰弱」プログラム：トランプの数字を作る
```
let rNum = Text(string: "10")
rNum.fontSize = 28.0
rNum.color = ■
```

`Text`クラスのオブジェクトを使って、とりあえず「10」という文字列を表現しています。フォントサイズは28.0ですが、フォントの種類はあえて指定せず、デフォルトのままにしています。ただし、文字の色は黒に設定しています。

残るマークも、もちろんベースの長方形の上に重ねて配置します。これも文字列で表現しますが、文字列として指定するのは1文字の絵文字です。それは、♠、♣、♥、◆のいずれかとなります。全種類のカードを作成するときに、これらをどうやって指定するかという課題もありますが、それも後回しにして、とりあえずここでは「♠」

を描くことにします。絵文字は普通の文字に比べて大きめにできているので、フォントサイズは 24 に設定してみました。

「神経衰弱」プログラム：トランプのマークを作る
```
let sMark = Text(string: "♠")
sMark.fontSize = 24.0
```

絵文字も Text クラスのオブジェクトとして表現できます。絵文字には最初から色が付いているので、ここでは色は指定しません。

▶ 3つの図形の座標を指定する

すでにお気付きかもしれませんが、上で描いた 3 つの図形（長方形、テキスト× 2）には、どれにも位置の座標を指定してありませんでした。このままでは、3 つの図形が全部同じ位置（この場合画面中央の (0, 0) の座標）に重なってしまいます。カードは、52 枚が重ならないよう、画面のあちこちに配置する必要があるので、座標で位置を指定するのはとても重要です。これらの 3 つの図形は、まとめて 1 枚の**カード**として扱うことになるので、カードの中央の 1 点の座標を指定するだけで、3 つの図形が、それぞれ適当な位置に移動して並ぶようにしたいところです。その仕組みも後で考えますが、とりあえず位置関係は調整しておきましょう。

まずは、ベースの長方形を基準として、長方形の中央を指定した点に合わせて配置することにします。そして数字は、下に 1.5、マークは上に 1.3 くらいずらした位置がちょうど良いという結論に達しました。これもプログラムで表現します。

「神経衰弱」プログラム：数字とマークを配置する
```
let center = Point(x: 0.0, y: 0.0)
rect.center = center
rNum.center = center
rNum.center.y -= 1.5
sMark.center = center
sMark.center.y += 1.3
```

このプログラムをまとめて動かしてみると、画面の中央に「スペードの 10」のカードの表が表示されます。

「カード」の表（おもて）面をデザインする　7-2

⬆「スペードの10」のカードが表示されました。

念のために、カードのベースのサイズと、その上の数字、マークの位置関係を図で細かく確認しておきましょう。

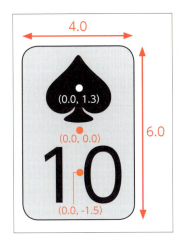

これで、カードの表面の構成要素となる、長方形と2つのテキストの大きさ、位置関係が決まりました。

CHAPTER 7 「神経衰弱」ゲームを作ろう

3 カードを「クラス」として定義する

「神経衰弱」のプログラミングは、ここからが本番です。52枚のカードにさまざまな情報を持たせ、柔軟に変更できるようにするために、新たに**クラス**という機能を使うことにします。

▶ 少しずつ「クラス」を理解していこう

このゲームでは、52枚のカードを使います。すべてのカードには、指定した位置に配置できる、表面と裏面があってひっくり返して表示できる、表面には数字とマークが描かれている、同じ数字のカードをめくると取ることができる、といった共通する機能、特徴があります。それでいて、当然ながら表面に書いてある数字とマークの組み合わせは、52枚すべてのカードについて異なっていて、同じカードは2枚とない、という重要な違いもあります。このようなカードは、それぞれ**オブジェクト**として扱えれば都合が良さそうだ、ということは、ここまでのプログラミング経験からしても察しが付くでしょう。

前の「15パズル」では、やはり1〜15の数字の書かれたタイルをオブジェクトとして扱いました。そのときは、タイルのテンプレートのようなものを構造体（struct）として定義しましたが、カードもそれと同じで良いのでしょうか。構造体の中で、各カードに共通の要素として長方形やテキストを定義し、さらにそのカード独自の数字やマーク、そして配置する位置を記憶しておく変数を含めれば、少なくともカードの見た目までは、構造体として簡単に定義できそうです。しかし、ここでは構造体ではなく**クラス**を使うことにします。それは、構造体では実現できない、より柔軟で強力な機能を持ったオブジェクトを作りたいからです。それがどのようなものなのかは、おいおい明らかにしていきます。

クラスについては、すでに「図形」テンプレートの中に定義されている `Rectangle` や `Circle`、`Line`、`Text` といった既存のものを使ってきました。ここでは、それらと同

じような、それでいてもっと高度な機能を持った独自のクラスを定義して使おうというわけです。そういうと、なんだか難しそうですが、少しずつ要素を追加してきながら理解していけば、それほど難しくはありません。それに、Swift らしいプログラミングを実現するとすれば、自分でクラスを定義することは避けられないのです。

さらに、ここでクラスについて基本的なことを理解し、自分で作ることを経験しておけば、今後 Swift に限らず、さまざまな言語を使ったオブジェクト指向プログラミングを学んでいくための基礎的な力を十分に養うことができます。クラスを自作して使うというのは、本書を締めくくる題材としてふさわしく、それによって神経衰弱ゲームを作ることは、例題としてぴったりだと確信しています。

▶ Card クラスを定義する

前置きが長くなりましたが、さっそくクラスを作っていきましょう。名前は Card として、まずは空のクラスを作ります。

「神経衰弱」プログラム：Card クラスを作る
```
class Card {
}
```

この {} の中に、実際のクラスの定義を書いていけば良いことは明らかですね。このような基本的な部分は構造体の場合と同じです。これから、この中にプロパティとメソッドを定義していきます。プロパティは、カードの番号やマーク、あるいは配置する座標のようなカード独自のものを記憶する変数として、また長方形やテキストといった図形のような各カードに共通する構成要素を保持するためにも使います。

メソッドとしては、めくられたカードの 1 枚目と 2 枚目の数字が同じかどうかをチェックするものなどがあります。こうしたメソッドをクラスに組み込むことで、オブジェクトはいわば自律的に動くようになります。最初に 52 枚（種類）のカードのオブジェクトを作って並べておくだけで、あとはユーザーのタッチ操作によってカードの中のメソッドが起動して、勝手に神経衰弱のゲームが進行していくというイメージです。

まずはプロパティには大きく 2 つの種類があります。1 つは、オブジェクトの外部から参照できる public（パブリック）なもの、もう 1 つは、そのクラスのオブジェクトの中だけで参照できる private（プライベート）なものです。これまで、単にプロ

パティと呼んできたものは、すべて外部から参照できるものだったので、実は `public` なプロパティだったわけです。この例では、カードの数字、マーク、配置する座標を `public` とし、長方形と 2 つのテキストからなる計 3 つの図形は、`private` なプロパティとします。

▶ カードのマークを列挙型で表現する

ここで 1 つ問題になるのが、各プロパティのタイプ（型）です。まずカードの数字は整数（`Int`）で良いでしょう。カードを配置する座標は `Point`、ベースの長方形はもちろん `Rectangle`、2 つのテキストは `Text` です。ここまでは問題ありませんね。問題なのは、1 つ残ったカードのマークです。

本物のトランプのマークには、**スペード**、**クラブ**、**ハート**、**ダイアモンド**の 4 種類があります。それ以上に増えることは絶対になく、もちろん減ることもありません。これらに順に 0、1、2、3 の整数を当てはめて、整数型のプロパティとすることも、もちろん可能ですが、それではプログラムとしてあまり美しくありません。このように「あらかじめ決まった数の種類」といった情報を表すには、日本語で「**列挙型**」と呼ばれるものを利用するのが良いでしょう。Swift では `enum` で表現できます。

さっそく `enum` を使って、カードのマークの種類を表現してみましょう。

「神経衰弱」プログラム：列挙型でマークの種類を定義する
```
enum Symbol {
    case spade
    case club
    case heart
    case diamond
}
```

これによって、Symbol 型というものが定義され、その値としては、`Symbol.spade`、`Symbol.club`、`Symbol.heart`、`Symbol.diamond` の 4 種類だけが使えるようになります。そして、Symbol 型の変数を作って、そこに値を代入するような場合には、値は Symbol 型の値のどれかに決まっているので、型の名前を省略して `.spade`、`.club`、`.heart`、`.diamond` のように書くこともできます。

ただし、このプログラムでは、この応用として、ちょっと違った書き方をします。と

いうのも、あとで、ループを使ってカードオブジェクトを生成する際に、整数でもマークを指定できたほうが便利なので、Symbol 型の値を整数としても指定できるようにするためです。そして、その場合にはスペードの値を 0 として、クラブが 1、ハートが 2、ダイアモンドが 3 と、1 つずつ増やしていくようにします。その場合は、以下のように書くことができます。

「神経衰弱」プログラム：整数としてマークの種類を定義する

```
enum Symbol: Int {
    case spade = 0, club, heart, diamond
}
```

この書き方でも、Symbol 型を定義して、その値として上で説明した 4 種類が使えるようになるところまでは同じです。それに加えて、整数でも値を指定できるようになるのです。そのための書き方は、後で実際のプログラムで示します。

▶ Card クラスにプロパティを追加する

ちょっと本題からそれかかりましたが、以上の情報を元に、とりあえず Card クラスを定義して、その中にパブリックとプライベート 2 種類、合計 6 つのプロパティを用意してみましょう。上で説明した列挙型の定義も、クラスの中に含めてしまいます。

「神経衰弱」プログラム：Card クラスを定義

```
class Card {
    enum Symbol: Int {
        case spade = 0, club, heart, diamond
    }
    
    public let rank: Int
    public let symbol: Symbol
    public var center: Point
    
    private let rect: Rectangle
    private let rNum: Text
    private let sMark: Text
}
```

このクラス定義は、それ自体間違っているわけではありませんが、これだけでは盛大にエラーが発生してしまいます。その原因は、各プロパティの値を初期化するためのプログラムを記述していないからです。

▶ Cardクラスにイニシャライザーを追加する

このようにプロパティを持つクラスを定義する際には、最初にプロパティの値を初期化するファンクションが必要となります。そのファンクションは、クラスからオブジェクトを作ろうとした際に自動的に呼ばれます。以前から、オブジェクトを作る際に、クラスの名前を、あたかもファンクション名のように書いて呼び出すような書き方をしてきました。そのときに呼び出されるのが、実はその初期化のためのファンクションなのです。それは「**イニシャライザー**」と呼ばれています。

それではそのイニシャライザーを追加しましょう。クラスの中では `init()` というファンクションとして定義します。いろいろな要素を含んでいるので、長くなりますが、まとめてクラス定義全体を示してから、必要な部分ごとに説明していきましょう。

「神経衰弱」プログラム：イニシャライザーを追加

```
class Card {
    enum Symbol: Int {
        case spade = 0, club, heart, diamond
    }
    
    public let rank: Int
    public let symbol: Symbol
    public var center: Point {
        didSet {
            rect.center = center
            rNum.center = center
            rNum.center.y -= 1.5
            sMark.center = center
            sMark.center.y += 1.3
        }
    }
    
    private let rect: Rectangle
```

```
        private let rNum: Text
        private let sMark: Text

        init(rank: Int, symbol: Symbol) {
            self.rank = rank
            self.symbol = symbol
            self.center = Point(x: 0.0, y: 0.0)

            self.rect = Rectangle(width: 4.0, height: 6.0, cornerRadius: 0.5)
            self.rect.color = □

            var rString = ""
            switch rank {
            case 1:
                rString = "A"
            case 11:
                rString = "J"
            case 12:
                rString = "Q"
            case 13:
                rString = "K"
            default:
                rString = String(rank)
            }
            self.rNum = Text(string: rString)
            self.rNum.fontSize = 28.0
            self.rNum.color = ■

            var mSting = ""
            switch self.symbol {
            case .spade:
                mSting = " ♠ "
            case .club:
                mSting = " ♣ "
            case .heart:
                mSting = " ♥ "
            case .diamond:
                mSting = " ♦ "
            default:
```

```
            break
        }
        self.sMark = Text(string: mSting)
        self.sMark.fontSize = 24.0
    }
}
```

▶ rank、symbol の初期化

プロパティ `center` の定義に何か加わっていますが、それについては後で見ることにして、まずは `init()` ファンクションについて見ていきます。まず先頭部分ですが、引数を 2 つ取る形になっています。

「神経衰弱」プログラム：イニシャライザー部分
```
init(rank: Int, symbol: Symbol) {
    self.rank = rank
    self.symbol = symbol
    self.center = Point(x: 0.0, y: 0.0)
```

その引数は、カードの数字を表す `Int` 型の `rank` と、マークを表す `Symbol` 型の `symbol` です。つまりこのイニシャライザーは、カードの数字とマークを指定して呼び出すことになります。先に書いてしまうと、たとえば「スペードの 10」のカードオブジェクトを作りたければ、次のように書けるわけですね。

Card クラスのオブジェクトを作る
```
let card = Card(rank: 10, symbol: .spade)
```

これは、これまでに見てきた既存のクラスの使い方と比べても、まったく違和感がないでしょう。

このようにして、新しいオブジェクトを作る際に設定された引数の値は、当然ながら `init()` ファンクションに渡され、その中の `rank` と `symbol` に代入されます。このファンクションの先頭部分では、パブリックなプロパティ 3 つ（`rank`、`symbol`、`center`）の値を設定しています。この部分をよく見ると、これまで見慣れない書き方になって

いるでしょう。たとえば、カードの数字を表す `rank` の設定は、以下のようになっています。

> 「神経衰弱」プログラム：rank の設定
> ```
> self.rank = rank
> ```

この左辺の `self.rank` は、パブリックなプロパティの `rank` のことであり、右辺の `rank` は、`init()` ファンクションに渡されてきた引数の `rank` です。違いは先頭に `self.` が付いているかどうかです。これは `symbol` についても同じですが、`center` についてはちょっと違います。左辺は `self.center` なので、プロパティの値の設定だとわかりますが、右辺は `Point(x: 0.0, y: 0.0)` となっていて、新たな `Point` オブジェクトを作っています。これは、イニシャライザーに渡されているのが、`rank` と `symbol` だけなので、そうするしかありません。

この `Card` クラスのオブジェクトを作成する際には、そのカードの種類を表す `rank` と `symbol` だけを指定し、置く場所を示す `center` は、後からプロパティへの代入として設定する、という使い方を想定しています。というのも、`rank` と `symbol` は、そのカードに固有のもので、後から変更できない、変更してしまっては意味のないプロパティなのに対し、`point` は、カードの種類、そのものの性質には関係なく、後から変更できるプロパティだからです。ここまで、あえて説明しませんでしたが、`rank` と `symbol` は、`let` で宣言した定数であるのに対し、`center` は `var` で宣言した変数になっているのもそのためです。

▶ プロパティ rect の初期化

その後には、プライベートな 3 つのプロパティ、`rect`、`rNum`、`sMark` の初期化が続きます。これらの値は、イニシャライザーに渡されたカードの数字やマークからプログラムによって作成することになります。まずは、カード本体の長方形を表す `rect` の初期化を詳しく見ましょう。これは簡単です。

> 「神経衰弱」プログラム：長方形の初期化
> ```
> rect = Rectangle(width: 4.0, height: 6.0, cornerRadius: 0.5)
> rect.color = □
> ```

プロパティとしての長方形、`self.rect` に、幅 4.0、高さ 6.0、角の丸みの半径 0.5 の `Rectangle` オブジェクトを作成して代入し、その後、その塗りつぶしの色を設定しているだけです。ここでは、色は薄いグレーに設定しています。

プロパティ rNum の初期化

次にカードの数字を表示するためのプロパティ `rNum` の初期化に移りましょう。この処理は 2 ステップです。まず最初に表示すべき数字を文字列 `rString` として決めます。次にその文字列を使って `Text` オブジェクトを作成して `rNum` に代入しています。

「神経衰弱」プログラム：rNum の初期化

```
var rString = ""
switch rank {
case 1:
    rString = "A"
case 11:
    rString = "J"
case 12:
    rString = "Q"
case 13:
    rString = "K"
default:
    rString = String(rank)
}
rNum = Text(string: rString)
rNum.fontSize = 28.0
rNum.color = ■
```

すでに述べたように、カード上の数字の表記は、数字が 1、11、12、13 の場合は正確には数字ではなく対応するアルファベットで表すことになっています。そこで、それらを `switch` 文で振り分けて処理しています。最初に `rString` という変数を用意して空の文字列を代入しておいてから、各場合ごとの処理を実行します。ここでは普通の数字を表示する場合の処理を `default` の部分で実行します。単に数字を文字列に変換するだけです。表示すべき文字列が得られたら、それを指定して `Text` オブジェクトを生成して `rNum` に代入し、続けてフォントサイズと色も設定しています。

▶ プロパティ sMark の初期化

残るはカードのマークを表示するためのプロパティ `sMark` の初期化です。これは、数字表示の `rNum` の初期化処理とほとんど同じ流れなので、詳しい説明は省略します。まず表示すべきマークを文字列（絵文字）、`mString` として決めておいてから、その文字列を使って `Text` オブジェクトを作成して `sMark` に代入し、フォントサイズを設定しています。

「神経衰弱」プログラム：sMark の初期化

```
var mSting = ""
switch self.symbol {
case .spade:
    mSting = " ♠ "
case .club:
    mSting = " ♣ "
case .heart:
    mSting = " ♥ "
case .diamond:
    mSting = " ♦ "
default:
    break
}
sMark = Text(string: mSting)
sMark.fontSize = 24.0
```

▶ プロパティ center の初期化

これでイニシャライザーについては一通り説明しましたが、説明を保留にしたプロパティ `center` の宣言部分の変更の解説が残っています。その部分だけ、もう一度見てみましょう。

「神経衰弱」プログラム：プロパティ center の宣言

```
public var center: Point {
```

```
    didSet {
        rect.center = center
        rNum.center = center
        rNum.center.y -= 1.5
        sMark.center = center
        sMark.center.y += 1.3
    }
}
```

　この部分の 1 行目の `center` というプロパティを `Point` 型として宣言しているところまでは、最初に示したものと同じです。その後ろに `{didSet {}}` というのがくっついていて、その内側の `{}` の中に、なにやらプログラムが書かれているという構造です。

　そのプログラムですが、どこかで見た覚えがあるでしょう。そう、カードのレイアウトを最初に考えたときにカード本体の長方形と、その上の文字とマークのテキストの中心位置を設定したプログラムとまったく同じです。つまりこの部分は、いまや `Card` クラスのプロパティとなった `center` に対して、長方形と 2 つのテキストの中心を、y 軸方向に少しずつずらしながら決めるためのプログラムです。そして、これを追加したことで、プロパティとしての `center` が決められたとき、自動的に長方形と 2 つのテキストの中心が決まるようにすることができるのです。

　このようにプロパティに付ける `{didSet {}}` の部分は、「**プロパティオブザーバー**」と呼ばれるものです。プロパティの値を監視して、それが変化したときに自動的に実行されるものです。それほど一般的な書き方ではないかもしれませんが、このような用途では非常に便利です。むしろ、これを使わずに同じようなことを実行しようとすると、かなり無理なプログラムになってしまいそうな気がします。憶えておくと、いつか他の場面でも役に立つときがきっとくるでしょう。

　ところで、イニシャライザーの中では、クラス定義の先頭で `let` を使って宣言した定数に値を代入している式が何度も出てきます。これはエラーにならないのでしょうか。実はイニシャライザーの中では、このように外部からは変更できない、または内部でもその後では変更する必要のない定数を、代入によって初期化できるようになっているのです。これは一種の例外ですが、もしそれが許されないと、クラスの先頭でプロパティを宣言すると同時に値を決めなければならなくなり、イニシャライザーの意味がなくなってしまいます。

Cardクラスのオブジェクトを作成する

クラスの記述が長くなりましたが、このクラスを使って、カードのオブジェクトを作成してみましょう。まずは 1 枚だけ、今度はハートのエースを作って、中心からずれた適当な位置に配置してみましょう。

「神経衰弱」プログラム：ハートのエースを作る

```
let card = Card(rank: 1, symbol: .heart)
card.center = Point(x: -10.0, y: 20.0)
```

まずは、数字とマークを指定して Card オブジェクトを作成し、それを card に代入しておいて、次の行でカードの中心位置を設定しています。クラス定義の後に、上の 2 行を追加して実行してみましょう。

```
            var mSting = ""
            switch self.symbol {
            case .spade:
                mSting = "♠"
            case .club:
                mSting = "♣"
            case .heart:
                mSting = "♥"
            case .diamond:
                mSting = "♦"
            default:
                break
            }
            sMark = Text(string: mSting)
            sMark.fontSize = 24.0
    }
}

let card = Card(rank: 1,
  symbol: .heart)
card.center = Point(x: -10.0, y: 20.0)
```

⬆ ハートのエースのトランプが作成されました。

カードの中心座標 1 つを設定しただけで、カードにプライベートなプロパティとして含まれる長方形と 2 つのテキストも、それぞれ所定の位置に移動され、トランプのカードに見えるように配置されることが確認できました。

4 52枚のカードを並べる

せっかく Card クラスを定義したのに、1つのオブジェクトを作っただけでは、クラスを定義した甲斐がないですね。次は、52枚のトランプすべてを表示してみましょう。

▶ カードをどのように配置するか考える

52枚のカードを、重なることなく1画面にすべて並べるためには、それなりの配置を考える必要があります。本物の神経衰弱のように、できるだけでたらめに並べたいところですが、それをプログラムで再現するのは、かなり難しい課題となってしまいます。そこでここでは、縦横を揃えて、いわゆる格子状に並べることにします。しかし、1セットの52枚という数字は、格子状に並べるのにも、ちょっと工夫を要します。なぜなら、52という数字は、言うまでもなく4×13の結果ですが、さすがに縦4列、横13行では、縦長になり過ぎるからです。中学の数学で習う素因数分解で考えてみても、52 = 2×2×13 なので、縦横の数を揃えて並べるとしたら、2×26か、4×13にしかできません。

そこでここでは、縦8行、横7列に並べつつ、四隅にはカードを配置しないことにします。そうすることで、8×7－4 = 52 となり、ちょうど52枚を並べることができます。プログラムでは、15パズルの配置でも使ったように、縦横を2重の for ループで回して、少しずつ座標をずらしながら配置していけばよさそうです。その際、8×7の並びの四隅に相当する位置を判断し、その場所にはカードを置かないという処理が必要となります。それについては、2重の for ループのカウンターとして使う、行番号と列番号から簡単に判断できます。具体的な方法は、ちょっと後で示す実際のプログラムで説明します。

52枚のカードをループで作成する

これで、並べ方の方針は決まりましたが、実際にはその前に並べる素材として52枚のカードオブジェクトを作成しなければなりません。しかも、それらは13種類の数字と4種類マークの組み合わせで、すべて異なるカードとなっている必要があります。そのためのプログラムをまず考えましょう。

最初に52枚のカードのオブジェクトは、1つの配列に入れれば良さそうですね。この時点では、特に並べ方は意識せず、要素が52個の1次元の配列にしておきましょう。その中に、13種類の数字と4種類マークを組み合わせて作る52種類のカードを1枚ずつ作って追加していきます。その場合、やはり13種類の数字を切り替えながら回る`for`ループと、4種類のマークを切り替えながら回る`for`ループの2重のループを使うのかと思われるかもしれません。そうしても良いのですが、そうせずに1重のループでも目的は果たせます。

13種類の数字と、4種類のマークは、いずれも、0から51まで変化する`for`ループのカウンターを使って計算します。カウンターの値を13で割った余りに1を加えれば、その値は1～13、1～13、1～13、1～13のように4回繰り返します。それをそのまま番号として指定すればよさそうです。その間、カウンターが0～12の間はスペード、13～25ならクラブ、26～38はハート、39～51はダイアモンドというように設定すれば良いでしょう。

もし、マークが数字で表せるとしたら、カウンターを13で割って余りを切り捨てたもの（あるいは商から整数部分だけを取り出したもの）が、その数字になります。そして、すでに述べたように、このマークを指定するための列挙型`Symbol`は、わざわざ整数でもマークを指定できるように設定してあったのでした。その機能を利用するためには、`rawValue`という名前の引数を指定して、`Symbol`型のオブジェクトを作るようにすれば良いのです。

以上の説明をプログラムに置き換えます。

「神経衰弱」プログラム：52枚のカードを作る

```
var suit = [Card]()

for i in 0 ... 51 {
    let card = Card(rank: i % 13 + 1, symbol: Card.Symbol(rawValue: i / 13)!)
```

```
    suit.append(card)
}
```

これで、すべて種類の異なった 52 枚のカードが、配列 `suit` に入りました。その中身は今すぐにでも確かめたいところですが、それは実際にカードを画面に並べてみれば明らかなので、もうちょっと待ってください。

▶ カードを置く座標を計算する

カードを画面に並べる方針は、すでに決まっています。行の番号と、列の番号をそれぞれ変化させる 2 重のループで、座標を計算して、カードオブジェクトの `center` プロパティに設定していけば良いのです。行の番号を表すカウンターを `r` とすると、カードの中央の y 座標は、その `r` だけで決まります。

カード中央の y 座標を求める計算
```
y = (r − 4) × 7 + 10
```

最初に `r` から 4 を引いているのは、`r` の値が 4 より小さいときは、画面の中央から下になるように y 座標を決め、`r` の値が 4 より大きいときは画面の中央より上になるように y 座標を決めたいからです。それに 7 を掛けているのは、カードの高さが 6 なので、そこに 1 を足して、少しずつ隙間を開けて並べたいからです。そして最後に 10 を足しているのは、全体的に上に 10 だけずらしたいからです。これは、プレイグラウンドの画面の下の方に「▶コードを実行」といったボタンがあるので、それに近づきすぎないようにするためです。

一方の x 座標は、列の番号を表すカウンターを `c` とすると、その `c` の値だけで、次のように決まります。

カード中央の x 座標を求める計算
```
x = (c − 3) × 5
```

ここでも、最初に `c` から 3 を引いているのは、`c` の値が 3 より小さいときは、画面の中央から左になるように x 座標を決め、`r` の値が 3 より大きいときは画面の中央より

右になるようにx座標を決めたいからです。そして、その結果に5を掛けているのは、カードの幅が4だからです。ここでも、1ずつ隙間を開けて並べます。

この並べ方を、プレイグラウンドの座標系の中に配置したイメージを図で確認しましょう。カードの中心の座標で言えば、x座標は-15〜15、y座標は-18〜31の範囲に並ぶことになります。

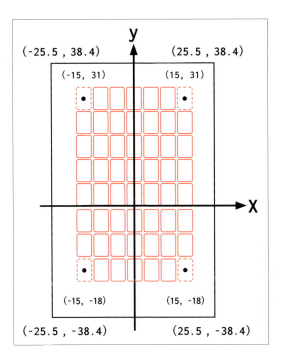

▶ カードを並べる命令をプログラムにする

配列に入った52枚のカードを、この配置で並べる部分を、実際のプログラムで表しましょう。

「神経衰弱」プログラム：52枚のカードを並べる

```
var cIndex = 0

for r in 0 ... 7 {
```

```
    for c in 0 ... 6 {
        if  (r == 0 || r == 7) && (c == 0 || c == 6) {
            continue
        }
        suit[cIndex].center = Point(x: Double(c - 3) * 5.0, y: Double(r - 4) * 7.0 + 10.0)
        cIndex += 1
    }
}
```

配列の中のカードを1つずつ取り出すために、cIndex という変数を用意して、それを1から51まで変化させています。カードの座標の計算方法は、先に述べた通りですが、ループのカウンターは Int 型であるのに対し、座標値は Double 型で指定する必要があるので、その変換が入って、ちょっと見にくくなっています。

この中には、四隅への配置をスキップする仕組みも入っています。カードの位置が四隅であるかどうかは、r と c の値の組み合わせで判断できます。ちょっと考えると、「r が 0 かつ c が 0」または「r が 0 かつ c が 6」または「r が 7 かつ c が 0」または「r が 7 かつ c が 6」という、四隅に対応した4通りの条件の組み合わせで判断する必要があるようにも思えます。しかし、この条件はもっとシンプルに表現できます。四隅のいずれかということは、「いちばん下の行、またはいちばん上の行」かつ「いちばん左の列、またはいちばん右の列」という条件でも表現できるのです。つまり「r が 0 または r が 7」かつ「c が 0 または c が 6」となります。

それをプログラムで表したのが上の書き方です。もう1つ注目していただきたいのは、その条件が成立したとき、単に continue という命令を実行しているだけ、ということです。この命令の働きは、ループの中の続きのプログラムの実行をスキップして、カウンターを1増やし、次の回に移るというようなものです。つまり、カードの座標を設定する命令をスキップすることで、四隅にはカードを置かないようにしているのです。

ここまでのプログラムを実行して、52 枚のカードがどのように並ぶか、そしてその 52 枚に、52 種類がすべて揃っているかを確かめましょう。

```
var suit = [Card]()

for i in 0 ... 51 {
    let card = Card(rank: i % 13 + 1,
      symbol: Card.Symbol(rawValue: i / 
      13)!)
    suit.append(card)
}

var cIndex = 0

for r in 0 ... 7 {
    for c in 0 ... 6 {
        if (r == 0 || r == 7) && (c ==
        0 || c == 6) {
            continue
        }
        suit[cIndex].center = Point(x:
         Double(c - 3) * 5.0, y:
         Double(r - 4) * 7.0 + 10.0)
        cIndex += 1
    }
}
```

↑52枚のカードが画面に並びました。

▶ カードがランダムに並ぶようにする

これで、とりあえず52枚のカードをすべて1画面に重ならないように並べることはできました。しかしこの状態は、大きく2つの点で、神経衰弱をゲームとしてプレイするのに適していません。どちらも当たり前のことですが、1つはカードがすべて表を向いてしまっていることです。もう1つは、カードが数字とマークの順番通りに並んでいるので、仮に裏返してあっても、数字が一致するカードがどこにあるのか、すぐにわかってしまうことです。

最初の問題は、ちょっと面倒なので、後回しにするとして、ここでは簡単に解決できる、2番目の問題に対処しておきましょう。これは、要するに52枚のカードをシャッフルしてから並べれば良いわけですが、それもプログラムは、たった1行で実現できます。それは文字通り、配列の中身をシャッフルするメソッド、`shuffle()`を、52枚のカードの配列`suite`について実行するのです。

「神経衰弱」プログラム：配列をシャッフルする

```
suit.shuffle()
```

このメソッドは、ちょうどSwift 4.2から利用できるようになったものです。あたかもSwiftの新バージョンが、本書のために用意してくれたかのようです。この1行を、配列に入ったカードを画面に並べるプログラムの前に置いて実行してみましょう。

```
for i in 0 ... 51 {
    let card = Card(rank: i % 13 + 1,
      symbol: Card.Symbol(rawValue: i /
      13)!)
    suit.append(card)
}

suit.shuffle()

var cIndex = 0

for r in 0 ... 7 {
    for c in 0 ... 6 {
        if (r == 0 || r == 7) && (c ==
        0 || c == 6) {
            continue
        }
        suit[cIndex].center = Point(x:
         Double(c - 3) * 5.0, y:
         Double(r - 4) * 7.0 + 10.0)
        cIndex += 1
    }
}
```

⬆ カードの並び順がバラバラになりました。

何度か試してみるとわかりますが、バラバラ具合もなかなかのもので、少なくとも神経衰弱をプレイするには十分でしょう。

5 カードの表面と裏面を表示できるようにする

今度は、画面上に並んだカードにユーザーがタッチすると、それを裏返す機能を付け加えます。カードの裏面を作って、タッチすれば裏表が入れかわるようにしましょう。

▶ カードの裏面を作って並べる

カードの表面と裏面を表示できるようにする前に、やっておくべきことが2つあります。1つは、カードの裏面をプログラムとして設計すること。もう1つは、最初はすべて裏面を上に向けて52枚が並ぶようにすることです。

まず1つ目の裏面の設計ですが、方針は最初に決めてありました。つまり一色で塗りつぶした長方形とする、ということでした。もちろんサイズは表面のベースの長方形（横4.0 × 縦6.0）と同じで、数字もマークも表示しません。「図形」テンプレートで描く図形には、表も裏もないので、カードの表と裏は、表示内容を変えて擬似的に表現するしかありません。そこで、裏面を表示する際には、長方形の色を濃いめの茶色に設定し、数字とマークのテキストの string プロパティには、空（""）の文字列を設定することにします。これで、3つの図形オブジェクトは、位置もそのまま裏面のカードを構成するようになります。ただし、カード色は変わり、数字やマークは見えなくなります。

このような裏面の表示をプログラムで表現するのは、まったく難しくないでしょう。Card クラスのイニシャライザーで、長方形と2つのテキストを初期化している部分を、裏面の仕様に合わせて書き換えれば良いだけです。そして、それによって、2つ目の課題、最初は裏面を上にして並べることも同時に解決できます。次のページに、イニシャライザーを裏面仕様に変更したプログラムを示します。ただし、これは以前のイニシャライザーでせっかく作った表面表示のプログラムを潰してしまうことになるので、まだこの通りに入力しないほうが良いかもしれません。表面のプログラムは、

そのほとんどの部分を別の場所で再利用することになるので、もうちょっと待ってください。

「神経衰弱」プログラム：裏面仕様のイニシャライザー

```
init(rank: Int, symbol: Symbol) {
    self.rank = rank
    self.symbol = symbol
    self.center = Point(x: 0.0, y: 0.0)

    rect = Rectangle(width: 4.0, height: 6.0, cornerRadius: 0.5)
    rect.color = ■

    rNum = Text(string: "")
    rNum.fontSize = 28.0
    rNum.color = ■

    sMark = Text(string: "")
    sMark.fontSize = 24.0
}
```

とりあえず、この状態で動かすとどうなるかだけを示しておきます。考えるまでもありませんが、茶色の裏面だけが52枚並んだ画面になります。

裏面のカードはできたかな？
ここから、裏表を
ひっくり返すプログラムを
作っていくのじゃ

7-5 カードの表面と裏面を表示できるようにする

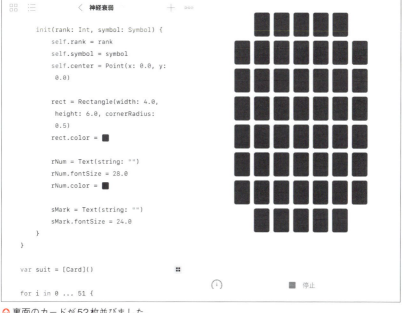

○ 裏面のカードが52枚並びました。

▶ カードの表裏を覚えるプロパティを追加する

この状態では、内部では設定されているはずの各カードの数字やマークを見ることもできず、当然ながらカードにタッチしても、まだ何も起きません。そこで、カードにタッチすれば、裏表が入れ替わるプログラムを追加していきます。

まずは、カードが表を向いているのか、裏を向いているのかを記憶しておくプロパティを追加しましょう。これは `open` という名前で Bool 型として定義します。名前が示すように、表なら `true`、裏なら `false` の値を取るものとします。後で外部から操作する必要も出てくるのでパブリックなプロパティとします。とりあえず、以下の宣言を `center` プロパティの下あたりに入れておきましょう。

「神経衰弱」プログラム：open プロパティを追加

```
public var open: Bool
```

このプロパティは、イニシャライザーの中で初期化する必要があります。最初は裏を向いているので、初期値は `false` です。以下の設定を、`center` プロパティの設定の下あたりに入れておきます。

「神経衰弱」プログラム：open プロパティを初期化
```
self.open = false
```

ここまで準備ができたら、やはりイニシャライザーの中で、長方形オブジェクト `rect` に、イベント処理を付加します。もちろん `onTouchUp` ですね。ここですべきことは、驚くほど簡単です。プロパティ `open` の値が `false` だったら `true` に、`true` だったら `false` にするだけです。このような `true` と `false` の入れ替えは、**論理の反転**なので、`!` という記号を使って簡単に書くことができます。

「神経衰弱」プログラム：イベント処理を追加
```
rect.onTouchUp {
    self.open = !self.open
}
```

▶ カードの表裏を入れ替える

ここまでの追加で、プログラムはエラーなく動くようになりますが、これではまだ目に見える変化は何も起こりません。カードにタッチしても、カードオブジェクトのプロパティ `open` の値が、`false` と `true` の間で変化するだけだからです。

そこで、この `open` の変化に合わせて、カードの表示を切り替えるプログラムを追加します。もう、どこに書けば良いのかわかりますね。そう、`open` プロパティのオブザーバーとして `{didSet {}}` を追加し、その中で表面、裏面、それぞれを表示するプログラムを実行すれば良いのです。それぞれの面の要素は、すでに出てきているので、その部分のプログラムを一気に示します。

「神経衰弱」プログラム：open プロパティに `didSet` を追加
```
public var open: Bool {
    didSet {
```

```swift
        if open {
            rect.color = □
            
            var rString = ""
            switch rank {
            case 1:
                rString = "A"
            case 11:
                rString = "J"
            case 12:
                rString = "Q"
            case 13:
                rString = "K"
            default:
                rString = String(rank)
            }
            rNum.string = rString
            
            var mString = ""
            switch symbol {
            case .spade:
                mString = " ♠ "
            case .club:
                mString = " ♣ "
            case .heart:
                mString = " ♥ "
            case .diamond:
                mString = " ♦ "
            default:
                break
            }
            sMark.string = mString
        } else {
            rect.color = ■
            rNum.string = ""
            sMark.string = ""
        }
    }
}
```

ここでは、変化後の `open` の値を調べ、それが `true` なら、表面を表示するプログラムを、`false` なら裏面を表示するプログラムを実行しています。表面の表示プログラムは、以前に表面しか表示できなかったころのイニシャライザーの内容とほとんど同じです。ただし、以前のイニシャライザーでは、そこで図形オブジェクトを作成してプロパティに代入していましたが、ここではすでにプロパティに入っている図形オブジェクトのプロパティを変更するだけです。具体的には、`rect` の `color`、`rNum` の `string`、`sMark` の `string` の各プロパティを設定します。設定内容は違いますが、変更するプロパティは、裏面表示に切り替える場合も同じです。

▶ プログラムを実行して確かめる

さあ、これでユーザーがカードにタッチすると、カードを裏返すことのできるプログラムになりました。さっそく動かして成果を確認しましょう。

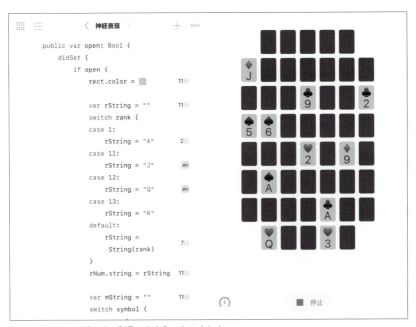

⬆ カードにタッチすると、裏返せるようになりました。

実際に動かしてみると、裏面のカードにタッチして表面に切り替える場合の反応はい

いのに、その逆に表面にタッチして裏面に切り替える場合には反応が鈍いのに気付くでしょう。これは、タッチイベントに対する処理を、カードのベースの長方形にしか付けていないからです。

裏面の場合は、長方形の上に配置されているテキストの文字列が空なので、長方形が露出していますが、表面ではカードの数字とマークが長方形の上に乗って、タッチを妨害しているからです。もしこれを解消したいなら、数字とマークの各テキストオブジェクトにもタッチイベント処理を追加して、**open** プロパティの値を反転すれば良いだけです。ただし、この後で、表から裏へは、タッチしなくても時間が経てば自動的に切り替わるようにします。そのため、表から裏への反応を良くする必要は、実はないのです。

6 順にめくった2枚のカードの数字を比較する

カードの表裏を入れ替えることができるようになったら、今度は表にした2枚のカードが同じかどうかを判定し、同じならカードを取り除き、違う場合は裏返す処理を追加します。

▶ ゲームの改善ポイントを考える

ここまでのプログラムで、最初はすべて伏せて並べた52枚のカードのうち、好きなものをめくって数字とマークを確認できるようになりました。そして、開いたカードにタッチすれば、元の伏せた状態に戻すこともできます。この状態でも、なんとか神経衰弱を遊ぶことができなくはないでしょう。とはいえ、非常に遊びづらいのも確かです。

何がいけないのかと冷静に考えてみると、1つは、開いてみた結果、数字が一致したカードのペアを、場から取り除くことができないこと。もう1つは、一致しなかった2枚のカードを、いちいちタッチして元に戻さなければならないことでしょう。後者は、本物のトランプでもそうなので、まだがまんするとしても、前者は致命的です。最初のうちはなんとかなるとしても、開いたカードが多くなってくると、わけがわからなくなりそうです。

そこでここからは、ユーザーがタッチして順にめくった2枚のカードの数字を比較して、一致していれば、その2枚のカードを場から取り除き、一致していない場合は、両方とも裏返して元の状態に戻す、という操作を自動的に実行できるよう、プログラムを書き加えていきます。

▶ プログラムの方針を考える

ここまでのプログラムを思い出して、整理してみましょう。まず1枚のカードを表す Card クラスを定義し、そこから52枚のカードを作成して、シャッフルしてから並べるという処理を実行するものでした。

プログラムの流れとしては、そこで動作は終わりなのですが、カードを構成する長方形のタッチイベント処理によって、**めくる**操作が可能となっていて、ユーザーがカードにタッチすることで、表面を表示したり、そこから元の伏せた状態に戻すことができます。

いったん作成した各カードのオブジェクトは、いわば自立して動作するようになっていました。言い換えれば、どのカードがどこにあって、表が出ているか裏が出ているか、といった全体の動きを把握しているものは何もありません。この先のプログラムでも、その基本方針は変えないことにします。

とすると、ユーザーがめくった2枚のカードの数字が一致しているかどうかの比較に加えて、一致していたら2枚のカードを取り除き、一致していなかったら2枚のカードを元に戻すという操作も、カードのオブジェクトが自ら判断して実行する必要があることになります。特に、ユーザーがめくった2枚目のカードは、1枚目のカードの数字が何で、そのカードがどこにあるのかを知る必要があります。個々が独立しているカードオブジェクトでは、ちょっと難しいようにも思えます。それをどうやって実現するかを考えるのは、なかなか興味深い課題でしょう。

▶ プログラムで実行すべきことを整理する

そのプログラムをどこに置くかは、ちょっと後で考えるとして、そのプログラムで実行しなければならないことを箇条書きで考えてみましょう。

- めくったカードが1枚目なら、その数字とカード番号を記録
- めくったカードが2枚目なら、1枚目のカードと数字を比較
- 1枚目と2枚目のカードの数字が同じなら2枚のカードを取る
- 1枚目と2枚目のカードが数字が違うなら2枚のカードを裏返す

まず最初に、めくったカードが1枚目なのか2枚目なのかを知る必要があります。これはどこかに変数として記憶して必要があるでしょう。当然ながら、カードは実際にユーザーによってめくられるまで、どのカードがめくられるのかわからないので、それを判断するための変数は、カードオブジェクトの外に置く必要があることは間違いありません。

次に、めくったカードが1枚目だった場合には、自分の数字と、自分の位置（番号）を記録しておく必要があります。カードの数字は、そのカードのプロパティ rank から簡単に読み取れますが、カードの位置というのは何なのでしょうか。これは、後でそのカードを取り除いたり、また元の伏せた状態に戻したりする際に必要となるもので、要するにそのカードオブジェクトにアクセスするための情報です。これは52枚のカードを収納している suit 配列のインデックスがわかれば十分です。そのカードが画面上のどの座標に配置されているかは知る必要がありません。これらの情報も、上に書いたのと同じ理由でカードオブジェクトの外に置いておく必要があります。

めくったカードが2枚目だった場合には、1枚目をめくったときに記憶した1枚目のカードの数字と、自分の数字を比較します。自分自身の数字は、自分の rank プロパティに書いてありますね。

そして、比較した2つの数字が同じなら、1枚目のカードをめくったときに記憶した1枚目のカードの位置（suit 配列のインデックス）からわかる1枚目のカードオブジェクトと、自分自身を取り除く処理を実行します。この取り除くというのをどう表現するかは、またちょっと後で考えましょう。

もし、両者の数字が一致していない場合には、両方のカードを元の伏せた状態に戻します。1枚目のカードは、数字が一致した場合と同じく、記憶した1枚目のカードの suit 配列のインデックスからわかります。自分自身も同じです。

▶ プログラムをメソッドとして作ろう

以上のプログラムで実行しなければならない内容を考えたとき、「自分」とか「自分自身」という言葉が何度も出てくることに気付いたでしょう。この自分というのは、めくられたカードオブジェクトのことです。ということは、これらのプログラムは、カードオブジェクトのメソッドとして書くのがもっとも自然だということになります。そうすれば、カードが自立して動くという基本方針にも合致します。他にも方法はあるでしょうが、ここでは Card クラスのメソッドとして、プログラムを書き加えるとい

う方針で進みます。

このメソッドは、これまでに見てきた普通のメソッドとは、ちょっと違ったものとして定義する必要があります。というのも、先に見たように、外部の変数にアクセスする必要もありますし、めくられたときに自分が `suit` 配列の中のどの位置に格納されているかも知る必要があります。

ということは、そのメソッドは、クラス定義の中には書くことができず、クラス定義の外部に記述したファンクションを、カードの配置を決める時点で、メソッドとしてオブジェクトに追加する、といった操作が必要になってきます。ちょっと高度なプログラミング技術のように思えるかもしれませんが、ファンクションの中身を「クロージャ」という型のオブジェクトとして扱うことができることを知れば、特に難しいとは思えなくなるでしょう。`Card` クラスに、クロージャ型のプロパティを用意しておいて、そこに後からファンクションの中身を代入するのです。こうした使い方ができるようになると、Swift プログラミングの幅も大きく広がります。

▶ rankCheck プロパティを作成する

というわけで、さっそくですが、`Card` クラスのプロパティとしてクロージャ型の `rankCheck` を用意します。これは、後では `rankCheck()` というメソッドとして呼び出せるようになります。

「神経衰弱」プログラム：rankCheck プロパティを用意
```
public var rankCheck: () -> ()
```

これは、これまでに書いたパブリックなプロパティの宣言の後に付け加えると良いでしょう。これも宣言しただけのプロパティなので、イニシャライザーの中で初期化する必要があります。ただし、その時点ではまだ中身が決まっていないので、空のクロージャを仮に代入しておきます。以下の 1 行を、イニシャライザーの中に加えます。

「神経衰弱」プログラム：rankCheck プロパティを初期化
```
self.rankCheck = {}
```

そして、そのメソッドを呼び出すのは、上で説明したように、カードをめくったタイ

ミングです。もう少し正確に言うと、カードが裏から表の表示に変わったとき、ということになります。これを言い換えれば、カードオブジェクトの `open` プロパティが、`false` から `true` に変わったときです。そこで `open` プロパティの `{didSet {}}` の、`if true {}` の処理の中で、自分のメソッド呼び出すように、次の 1 行を加えます。

「神経衰弱」プログラム：rankCheck を呼び出す
```
rankCheck()
```

▶ rankCheck プロパティの中身を作る

これで、`Card` クラスの準備はできました。あとは、プロパティとしてオブジェクトに追加するファンクションの中身ですが、実際のプログラミングに入る前に、その内容を日本語で考えておきましょう。`if` 文の条件判断と処理の中身を日本語にして、擬似的なプログラムとして書いてみます。

ファンクションのイメージ
```
if めくったカードは 1 枚目 {
    そのカードの数字とカード番号を記憶する
} else {
    if 1 枚目と 2 枚目の数字が一致 {
        それら 2 枚のカードを取る
    } else {
        それら 2 枚のカードを裏返す
    }
}
```

上の箇条書きで考えたプログラムの流れを `if` 文で表しただけで、まったく難しくないでしょう。実際のプログラムも流れはこれとまったく同じなので、対応も簡単に確認できるはずです。

実際のプログラムでは、めくったカードが 1 枚目かどうかを判断する変数と、1 枚目にめくったカードの数字を記憶する変数は 1 つで兼用することにしました。`fcRank` という整数型の変数を用意して、初期値を 0 にしておきます。カードをめくったときに、この変数の値を調べ、0 であれば、それは 1 枚目のカードということになります。その場合自分の数字を `fcRank` に設定するので、2 枚目のカードは、その数字を知る

ことができます。2枚目のカードをめくった後は、数字が一致した場合も一致しなかった場合も、次は再び1枚目からめくり直すことになるので、この `fcRank` の値を0に設定し直します。

1枚目にめくられたカードの位置は、`suit` 配列のインデックスの値を、外部の `fcIndex` という、やはり整数型の変数に書き込んでおくことにしました。その値は2枚目にめくられたカードが、1枚目のカードを取り除いたり、裏返したりする際に使います。

以下のプログラムを、`suit` 配列の中身をシャッフルした後に書き加えます。

「神経衰弱」プログラム：rankCheck ファンクション

```
var fcRank = 0
var fcIndex = 0

for (i, card) in suit.enumerated() {
    card.rankCheck = {
        if fcRank == 0 {
            fcRank = card.rank
            fcIndex = i
        } else {
            if fcRank == card.rank {
                card.center = Point(x: 100.0, y: 100.0)
                suit[fcIndex].center = Point(x: 100.0, y: 100.0)
            } else {
                card.open = false
                suit[fcIndex].open = false
            }
            fcRank = 0
        }
    }
}
```

まず、`for` ループの先頭部分の書き方が、これまでとは違うことに気付かれるでしょう。このように書くと、ループ内で有効な変数 `card` には、`suit` 配列の要素が1つずつ代入されて1周ずつループを回ることになります。そして、その `card` の前に `i` という変数を付け加えると、その `i` は、ループのカウンターとして機能するようになります。つまり 0 から始まって、`suit` 配列の要素の数から 1 を引いた値まで、ループが1周回るごとに増えていくのです。この `i` の値によって、各カードは、自分の `suit`

配列の中のインデックスを知ることができます。1枚目のカードは、そのインデックスを `fcIndex` に代入して記憶させています。

このプログラムの本体は、カードオブジェクトの `rankCheck` プロパティに、`{}` で囲まれたファンクションの中身、つまりクロージャを代入している部分です。その中身のプログラムでは、カードを取り除くという処理を、カードの中心の座標を、画面からはみ出して見えなくなる `Point(x: 100.0, y: 100.0)` に移動することで表現しています。一見手抜きのように感じられるかもしれませんが、実際の神経衰弱でも、カードは消えてしまうわけではなく、プレーヤーの手の中に入って場から見えなくなるだけなので、この処理は理にかなっていると思います。カードを裏返して元に戻す処理は、2枚のカードオブジェクトの `open` プロパティに `false` を代入するだけです。実際にカードの表示を変更する処理は、このプロパティのオブザーバー、`{didSet {}}` が引き受けてくれます。

▶ プログラムを実行して確かめる

ここまでのプログラムを実行してみましょう。

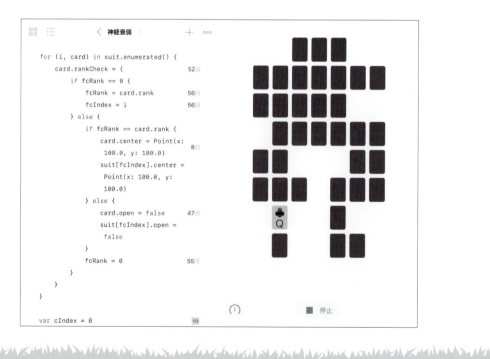

これでこれまで考えていたような機能、つまり続けてめくられた2枚のカードの数字をチェックして、自動的に取り除いたり、元に戻したりする、ということは実現できています。

しかし、非常に遊びにくいものになってしまっているのも確かです。というのも、2枚目のカードをめくると、それが何のカードかを表示するのはほんの一瞬で、人間にはとても認識できないほど短い時間だからです。1枚目のカードと一致した場合には、1枚目と同じ数字だとわかるのでまだ良いのですが、一致していなかった場合は、めくられたことすらわからないほどの短時間で元に戻ってしまうので、何のカードだったかとても見えません。それでは番号を憶えようがないので、あとでもう一度、1枚目としてめくり直して確認するしかありません。

次に、その問題を解決することで、このプログラムの仕上げとしましょう。

CHAPTER 7 「神経衰弱」ゲームを作ろう

7 めくったカードをしばらく開いたままにする

「神経衰弱」ゲームの締めくくりに、めくったカードをしばらく開いたままにしておく処理を追加しましょう。3枚目のカードをめくったときの対応を考えるといった工夫も必要です。

▶ 裏返したカードを元に戻すには

ユーザーがめくった2枚目のカードが何であるか確認できるようにするには、それを取り除くにせよ、裏返すにせよ、1枚目のカードとの数字の一致を判断してから、しばらく待って行動に移せば良いということは明らかです。

しかし、一般的なプログラミングでは、できるだけ実行時間を短くすることばかり考えるのが普通で、わざわざ実行を遅らせるというようなことは、あまりありません。そのため、そうした方法は一般的ではなく、プログラミングの教科書のようなものにもなかなか載っていないものです。これは、知っているか知っていないか、という問題なので、知らないのにいくら考えてもわかるものではありません。

ここでは、そのための1つの有力な方法を紹介します。それは、以前に見た `animate {}` の書き方とちょっと似ています。しかし `animate` の代わりに、`DispatchQueue.main.asyncAfter()` というメソッドを使います。これは憶えるしかありません。このメソッドに、待ち時間を引数として指定し、その後ろに、待ち時間が経過した後に実行する内容を `{}` でくくって書くのです。これが何者で、どのような原理で実行を遅らせることができるのかは、ここでは説明しません。1つだけ付け加えれば、これはSwiftの言語自体が持っている機能ではないので、`Foundation` フレームワークをインポートしてから使います。先頭に以下の1行を追加してください。

「神経衰弱」プログラム：Foundationフレームワークをインポート

```
import Foundation
```

あとは、数字の一致したカードを取り除いたり、一致しなかったカードを元に戻す処理の部分を、これで包むだけです。ここでは前者の待ち時間を 0.9 秒、後者はプレーヤーが記憶するための時間も考えて 1.2 秒にしてありますが、その数字は好みで調整してください。

「神経衰弱」プログラム：待ち時間を設定

```
if fcRank == card.rank {
    DispatchQueue.main.asyncAfter(deadline: .now() + 0.9) {
        card.center = Point(x: 100.0, y: 100.0)
        suit[fcIndex].center = Point(x: 100.0, y: 100.0)
    }
} else {
    DispatchQueue.main.asyncAfter(deadline: .now() + 1.2) {
        card.open = false
        suit[fcIndex].open = false
    }
}
```

該当する部分を上のように書き替えて、実行してみましょう。めくった 2 枚のカードの数字が一致した場合も、一致しなかった場合も、2 枚のカードの数字とマークを確認できるようになりました。

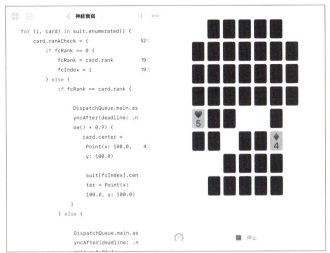

○2枚のカードと数字を確認できるようになりました。

3枚目のカードをめくってもちゃんと動くようにする

残念ながら、このプログラムはこれで完成というわけにはいきません。しばらく遊んでみると気付くと思いますが、待ち時間を入れたことで、ちょっと困った問題が起こるようになってしまっています。各カードオブジェクトは、タッチ操作に反応して自律的に動くので、続けて2枚のカードをめくった後、それらが取り除かれるか、元に戻されるかするのを待っている間、3枚目4枚目、さらに多くのカードをめくることができてしまいます。

今のプログラムでは、3枚目をめくった時点で、`fcIndex`の値が書き換えられてしまうので、1枚目のカードがどれだったのか、2枚目のカードにはわからなくなってしまい、1枚目のカードが画面に開いたまま残ってしまうことになります。5枚、7枚とめくってしまえば、残るカードはもっと増えます。それを防ぐには、2枚目のカードをめくった時点の`fcIndex`の値を、2枚目のカードのオブジェクトの中にコピーしておけば良いのです。それは、プロパティに代入するクロージャの中に、ローカルな変数を用意して最初にコピーし、あとはそのコピーの方を使うようにするだけで、簡単に実現できます。その部分を書き換えたプログラムを見てみましょう。

「神経衰弱」プログラム：`fcIndex`をカードのオブジェクトにコピー

```
var fi = fcIndex
if fcRank == card.rank {
    DispatchQueue.main.asyncAfter(deadline: .now() + 0.9) {
        card.center = Point(x: 100.0, y: 100.0)
        suit[fi].center = Point(x: 100.0, y: 100.0)
    }
} else {
    DispatchQueue.main.asyncAfter(deadline: .now() + 1.2) {
        card.open = false
        suit[fi].open = false
    }
}
```

ここでは、2枚目のカードがめくられた時点で、`fi`という変数を用意して、`fcIndex`の値をコピーしています。この`fi`の値は、結局このカードのオブジェクトの中に保存されることになるので、その後何枚のカードがめくられようとも、変化することは

ありません。

完成したプログラム

最後にこのプログラム全体を示しておきましょう。あれこれと詳しく説明してきた割には、最終的なプログラムの長さはそれほどでもないと思われるでしょう。神経衰弱というゲームが、このようにコンパクトなプログラムで実現できたのは、Card というクラスを定義して、カードオブジェクトが自立して動くように設計したこともありますが、何よりも Swift という言語の柔軟性によるところが大きいと思います。

ここで今すぐ理解できなくてもかまいません。今後も勉強を続けてください。プログラミングは、いくら悩んでも良いのです。それを自力で解決した経験が、間違いなく上達に結びつきます。

「神経衰弱」プログラム

```swift
import Foundation

class Card {
    enum Symbol: Int {
        case spade = 0, club, heart, diamond
    }
    
    public let rank: Int
    public let symbol: Symbol
    public var center: Point {
        didSet {
            rect.center = center
            rNum.center = center
            rNum.center.y -= 1.5
            sMark.center = center
            sMark.center.y += 1.3
        }
    }
    public var open: Bool {
        didSet {
            if open {
```

```
                    rect.color = □

                    var rString = ""
                    switch rank {
                    case 1:
                        rString = "A"
                    case 11:
                        rString = "J"
                    case 12:
                        rString = "Q"
                    case 13:
                        rString = "K"
                    default:
                        rString = String(rank)
                    }
                    rNum.string = rString

                    var mString = ""
                    switch symbol {
                    case .spade:
                        mString = " ♠ "
                    case .club:
                        mString = " ♣ "
                    case .heart:
                        mString = " ♥ "
                    case .diamond:
                        mString = " ♦ "
                    default:
                        break
                    }
                    sMark.string = mString

                    rankCheck()
            } else {
                    rect.color = ■
                    rNum.string = ""
                    sMark.string = ""
            }
        }
```

```
    }
    public var rankCheck: () -> ()
    private let rect: Rectangle
    private let rNum: Text
    private let sMark: Text
    
    init(rank: Int, symbol: Symbol) {
        self.rank = rank
        self.symbol = symbol
        self.center = Point(x: 0.0, y: 0.0)
        self.open = false
        self.rankCheck = {}
        
        rect = Rectangle(width: 4.0, height: 6.0, cornerRadius: 0.5)
        rect.color = ■
        
        rNum = Text(string: "")
        rNum.fontSize = 28.0
        rNum.color = ■
        
        sMark = Text(string: "")
        sMark.fontSize = 24.0
        
        rect.onTouchUp {
            self.open = !self.open
        }
    }
}

var suit = [Card]()

for i in 0 ... 51 {
    let card = Card(rank: i % 13 + 1, symbol: Card.Symbol(rawValue: i / 13)!)
    suit.append(card)
}

suit.shuffle()

var fcRank = 0
```

```
    var fcIndex = 0

    for (i, card) in suit.enumerated() {
        card.rankCheck = {
            if fcRank == 0 {
                fcRank = card.rank
                fcIndex = i
            } else {
                var fi = fcIndex
                if fcRank == card.rank {
                    DispatchQueue.main.asyncAfter(deadline: .now() + 0.9) {
                        card.center = Point(x: 100.0, y: 100.0)
                        suit[fi].center = Point(x: 100.0, y: 100.0)
                    }
                } else {
                    DispatchQueue.main.asyncAfter(deadline: .now() + 1.2) {
                        card.open = false
                        suit[fi].open = false
                    }
                }
                fcRank = 0
            }
        }
    }

    var cIndex = 0

    for r in 0 ... 7 {
        for c in 0 ... 6 {
            if (r == 0 || r == 7) && (c == 0 || c == 6) {
                continue
            }
            suit[cIndex].center = Point(x: Double(c - 3) * 5.0, y: Double(r - 4) * 7.0 + 10.0)
            cIndex += 1
        }
    }
```

CHAPTER 8

やさしいSwift
プログラミング言語
の基礎

CHAPTER 8 やさしい Swift プログラミング言語の基礎

1 Swiftはどんなプログラミング言語?

Swift という言語のことをよく知っていただくために、まずは歴史的なものも含めて、その言語の背景から話を始めましょう。

▶ 本書で扱う範囲

ここでは、必ずしも本文に出てくる順番通りに Swift のプログラミング要素を取り上げているわけでありません。性質の近いものはなるべくまとめて説明するようにしています。またここでは、基本的なところから始めて、だんたんとレベルの高い概念を学んでいけるような並べ方になっています。ただし、本書に出てこない要素は、たとえ Swift にとって一般的なものであっても、思い切って省略する方針としました。多少の例外もありますが、基本的に本書のゲーム作成で実際に使っている、プログラミング要素だけを取り上げています。そのあたりは、「本書は Swift 文法全般を扱った本ではない」ということで、ご了承ください。

Swift は、いろいろな意味で新しい言語です。すでに macOS や iOS アプリの開発に広く利用されていることを考えると、その普及の速さには目を見張るものがあります。ここでは、まずその目新しい言語に少しでも親しみを感じていただけるよう、具体的な言語の話に入る前に、Swift 登場までの歴史をごく簡単にまとめておきます。その後で、Swift の基礎的な文法と用法を、1 つずつ順に取り上げていきましょう。

▶ Swiftの簡単な歴史とObjective-C

Swift の特徴を一言で表せば、それ以前に登場したさまざまなプログラミング言語の集大成であり、なおかつシンプルな扱いやすさを追求したものということができるで

しょう。現代の世の中で、もっとも普及した言語として真っ先に思いつく **C言語**や、そこから多くを継承している **Java** などにも近い部分が多いのですが、それに加えて **Objective-C** からも多くを受け継いでいるのが Swift ならではの特徴です。

余談になりますが、最近では Objective-C と言われても、ピンと来ないという人も多いかもしれません。Objective-C は、Swift が普及する以前は、macOS や iOS アプリ開発のためのメインとして使われていた言語です。その歴史は古く、最初に考案されたのは 1980 年代の中頃のことです。その後、紆余曲折を経て、Apple が全面的に採用することになり、Swift が登場するまでは Apple 製品用アプリ開発の主役として活用されていました。

今では Swift に主役の座を譲った感はありますが、それは決して過去のものになったというわけではありません。今でも、macOS や iOS 上で動作するアプリは、Objective-C を使って開発することが可能ですし、1 本のアプリの中で Swift と Objective-C を混在させることさえできるのです。読者も、今後 macOS や iOS 関連のプログラミングを続けていくと、いつか Objective-C のソースコードを目にする機会があるかもしれません。

▶ Objective-C から受け継いだものと新しいところ

Swift に話を戻しましょう。Swift は、最初から macOS や iOS アプリを開発するために最適なプログラミング言語として登場しました。そのため、すでにその分野で確固たる位置を占めていた Objective-C から、多くの要素を受け継ぐことは必定だったのです。

しかし、もちろん、それだけではありません。Apple が Swift を必要としたのは、Objective-C の設計がだんだん古くなり、不足している機能を徐々に付け足して進化させてきたものの、もはやそれにも無理が出てきたからだと考えられます。特に、ここ 2, 30 年の間に大幅に発達したソフトウェア工学によって可能となった、いわゆる**モダン**（現代的）なプログラミング言語の機能を Objective-C に追加することは難しくなっていました。そこで、プログラミング言語としては、モダンなものをまったく新たに設計し直し、そこに Objective-C から受け継いだ要素も加えたものが Swift として実現したということになります。

Swiftの今後の可能性

現状では、アプリ開発言語としては、macOSとiOS、それにwatchOSなど、Apple製品用に限られています。そう言ってしまうと、かなり狭い範囲でしか使われていないように聞こえるかもしれませんが、特にモバイル分野でのApple製品のシェアを考えると、Swiftが使われている範囲はそれほど狭いものではないことが分かります。もちろんSwiftを使う開発者の人口も、それなりに多いはずです。Apple製品のシェアは世界の国々よって異なりますが、日本では一般のユーザーが実際にアプリをインストールして使うスマホに限れば、おそらく少なくとも数十パーセントがiPhoneなのではないかと思われます。ということは、Swiftによって、それなりの比率のモバイルデバイス用アプリを作ることができることになります。

今後もAppleのライバルメーカーがSwiftを全面的に採用することは難しいかもしれませんが、Swift自体はすでにオープンソースとして開発が進められ、Apple製品以外の環境でも動作するようになっています。アプリ開発に限らなければ、Swiftが動作する環境、それによって使われる用途は拡がりつつあるのです。なお、オープンソースとしてのSwiftのウェブサイト **Swift.org**（https://swift.org/）には、プログラミングのためのリファレンスマニュアルなども完備されています。本書で扱いきれない部分は、そちらを参照してみるのも良いでしょう。常に最新バージョンのSwiftに関する豊富な情報が得られます。英語で書かれているので、翻訳機能などを使いながら読んでみてください。

2 変数と定数

一般的なプログラミング言語と同様に、Swiftでも、変化する値を記憶するために変数を使います。変化しない値を記憶する定数もよく使います。

▶ 型を明示せずに定義できる変数

Swiftでは、varというキーワードを使って変数を**宣言**したり、最初から値を指定して**定義**することができます。プログラミングのスタイルにもよりますが、最初から値を設定する場合には、いちいち**型**を指定する必要がないので、プログラムの記述を短く、読みやすくすることができます。その場合、変数の型は代入する値の型によって自動的に決まります。ただし、いったん決定した変数の型は、あとから型の違う値を代入して変更したりすることはできません。

変数や定数の型とは、**タイプ**とも呼ばれる、値の種類のことです。よく出てくるものとしては、整数（Int）型、浮動小数点（Double）型、文字列（String）型などがあります。後ろの方で出てくる**クラス**も型の一種と考えられます。このあたり、まとめて説明しようとすると、かえって分かりにくくなってしまう危険があるので、この章の関連する部分を通して、少しずつ感じ取っていただくのが良いでしょう。

型を明示せずに変数を定義する

```
var iVar = 3
// Int 型で値が 3 の変数 iVar を定義

var dVar = 5.0
// Double 型で値が 5.0 の変数 dVar を定義

var iVar1 = iVar
```

```
// iVar と同じ Int 型で値も同じ変数 iVar1 を定義
```

型を明示して宣言する変数

Swift では、もちろん他のプログラミング言語と同様に、型を指定して変数を宣言したり、定義したりすることもできます。最初から値を代入せずに、変数の名前だけを宣言しておく場合には、必ず型を指定しなければなりません。変数の型を指定すれば、たとえば小数点以下のない、一見すると整数に見える数値を、自動的に変換しながら **Double** 型の変数に代入して初期化するといったことも可能になります。ただし、**Int** 型を宣言した変数に、小数点の付いた数字を代入するような書き方によって、自動的に整数に変換して代入することはできません。

型を明示して変数を宣言する
```
var iVar2: Int = 4
// Int 型で値が 4 の変数 iVar2 を定義

var dVar1: Double = 6.3
// Double 型で値が 6.3 の変数 dVar1 を定義

var iVar3: Int
// Int 型の変数 iVar3 を宣言（値は未設定）

var dVar2: Double
// Double 型の変数 dVar2 を宣言（値は未設定）

var dVar3: Double = 5
// Double 型で値が 5.0（5 を自動変換）の変数 dVar3 を定義
```

あとから値を変更できない定数

Swift では、ただ 1 点を除くと、ほとんど変数と同じように使える**定数**を使う機会が、他の言語に比べてかなり多くなっています。その変数とは異なる 1 点とは、定数

は後から値を変更できないということです。したがって、定数では、名前と型を宣言だけしておいて、後から値を設定するという使い方はできません。かならず最初に値を含めて定義しておく必要があります。定数は、`var` の代わりに、キーワード `let` によって定義することができます。

定数を宣言する

```
let iConst = 6
// Int 型で値が 6 の定数 iConst を定義

let dConst = 7.8
// Double 型で値が 7.8 の定数 dConst を定義

let iConst1: Int = 12
// Int 型で値が 12 の定数 iConst1 を定義

let dConst1: Double = 8.3
// Double 型で値が 8.3 の定数 dConst1 を定義
```

▶ 値が最初から決まっている特別な定数

Swift には、最初から値が決められていて、いつでも使える特別な定数が定義されています。そのほとんどは、たとえば円周率を表す `Double.pi` のように、`Double` 型の内部に定義されています。

定数・円周率を使って定数を定義する

```
let pi2 = Double.pi * 2.0
// πの 2 倍の値（6.28...）を持つ定数 pi2 を定義
```

3 代入と演算

代入とは、= 記号の左に変数名を書き、= の右にはその変数に設定したい値を書くことで、変数の値を変更する操作です。ここでは値を求める演算と合わせて取り上げます。

▶ 変数への値の代入

「変数と定数」の部分でも述べたように、変数には、いったん宣言、定義した後でも、その変数と同じ型の別の値を代入して、値を変更することができます。

変数に値を再代入する

```
var iVar4 = 23
// Int 型の変数 iVar4 を宣言して、同時に値 23 を代入

iVar4 = 31
// 上で定義した変数 iVar4 に新たな値 31 を代入

var dVar4: Double
// Double 型の変数 dVar4 を宣言

dVar4 = 3.89
// 上で宣言した変数 dVar4 に値 3.89 を代入
```

数値の加減乗除

`=` の右に書く**値**は、数字や他の変数、定数の値など、計算する必要がないものだけとは限りません。計算を実行することで値を求める**式**を書くこともできます。
Swiftでは、一般のプログラミング言語と同様に、数値同士や数値と変数、あるいは定数の間での加減乗除（足し算、引き算、掛け算、割り算）、いわゆる**四則演算**が可能です。それぞれ `+`、`-`、`*`、`/` の記号で表します。プログラミングの世界では、一般に**計算**と呼ぶ操作を、**演算**と呼ぶのが普通です。また、このように演算に使う記号のことを**演算子**と呼びます。
演算は、同じ型の数値同士、同じ型の変数（定数を含む）同士、あるいは同じ型の数値と変数（定数を含む）の組み合わせで可能です。一般には、同じ**数値**と考えられるものでも、整数と浮動小数点数の間で直接演算を実行することはできません。そのような演算が必要な場合は、少し後の「型の変換」で説明するように、演算する数値、あるいは変数の型を揃える必要があります。ただし、浮動小数点の演算の中に、整数値を直接書いた場合は、その値が自動的に浮動小数点数に変換され、演算を実行することができます。逆はできません。
演算の結果は、1つの**値**となるので、それをそのまま変数に代入したり、別の演算に利用することができます。つまり、演算は、複数の値と演算子を交互に書いて、連続して実行することもできるということです。

変数に演算結果を代入する

```
var iVar5 = 5 + 3
// Int 型の変数 iVar5 に 5 + 3 の演算結果を代入


iVar5 = 6 * 2 - 7
// iVar5 に新たな値として 6 * 2 - 7 の演算結果を代入


var dVar5 = 10.0 / 3.0
// Double 型の変数 dVar5 に 10.0 / 3.0 の演算結果を代入


dVar5 = dVar5 * 3
// dVar5 の値に 3（3.0）を掛けた結果を dVar5 自身に代入
```

演算の優先順位の変更

Swiftの演算も、一般の数式と同じように、掛け算と割り算のほうが、足し算と引き算よりも優先順位が高くなっています。つまり、1つの式の中に複数の演算子がある場合、* と / は、+ と - よりも先に実行されます。その順番を変更するには、普通の丸かっこ ( ) を使って、先に実行したい演算の部分を囲みます。これは、整数演算でも浮動小数点演算でも同じです。

丸かっこで演算の優先順位を変える
```
var iVar6 = 2 + 4 * 5
// Int 型の変数 iVar6 には、22 が代入される

iVar6 = (2 + 4) * 5
// iVar6 には、30 が代入される
```

演算機能付き代入

Swiftには、1つの変数に対して、演算と代入を同時に実行する便利な**複合演算子**というものが用意されています。これは +、-、*、/ の加減乗除の演算子に、それぞれ = を付けて、+=、-=、*=、/= のように表記します。これらの演算子の機能は、それぞれの左辺にある変数の値に、右辺にある値を加減乗除した結果を、新たな変数の値とするというものです。

たとえば a += 3 と書けば、a = a + 3 とまったく同じ意味となります。複合演算子を使うと、記述を短くすることができるだけでなく、同じ変数名が代入演算子 = の左右に出てくるよりも、プログラムを読みやすく、意味を理解しやすくなります。

複合演算子で変数の値を更新する
```
var iVar7 = 8
// Int 型の変数 iVar7 の値を 8 として定義

iVar7 += 6
```

```
// iVar7 自身に、iVar7 + 6 の結果を代入

var dVar6 = 18.6
// Double 型の変数 dVar6 の値を 18.6 として定義

dVar6 /= 2.1
// dVar6 自身に、dVar6 / 2.1 の結果を代入
```

なお、C 言語の影響を受けている多くの言語では、変数の前、または後ろに `++` や `--` を付けて、その変数の値を 1 だけ増やしたり（インクリメント）、逆に 1 だけ減らしたり（デクリメント）することができます。Swift にも当初は、このような演算子があったのですが、現在では廃止されています。このような機能は、便利なこともあるのですが、紛らわしい表現になり、バグの原因になることも少なくないからでしょう。

▶ 型の変換

「数値の加減乗除」で述べたように、一部の例外的な場合を除いて、Swift では、整数と浮動小数点数を 1 つの演算の中で混在させることができません。数値を直接記述する場合には、いかようにでも書くことができるので、特に問題はないのですが、異なる型の変数同士の演算ではそうはいきません。もちろん、そのままでは不便な場合が多いので、回避策が用意されています。1 つの演算の中に異なる型の変数を混在させたい場合は、整数は浮動小数点数へ、浮動小数点数は整数へと変換することができます。どちらをどちらに変換すべきかは、その演算によって求める結果の値の型に合わせるのが原則です。

Swift では、整数と浮動小数点数に限らず、変換後の型の名前の後ろに `()` を付けて、その中に変換前の値を書くことで、できるだけ値を維持したまま、型を変換することができるようになっています。たとえば、浮動小数点型の変数 `dVar` を整数に変換するには `Int(dVar)` のように書くことができます。同様に、整数型の変数 `iVar` を浮動小数点数に変換するには `Double(iVar)` のように書くことができます。

このようにして変換できるのは、変数の値に限りません。なんらかの式をかっこの中に入れて、その演算結果の値を変換することも可能です。

変数を型変換して演算する

```
var iVar8 = 13
// Int 型の変数 iVar8 の値を 13 として定義


var dVar7 = 121.35
// Double 型の変数 dVar7 の値を 121.35 として定義


dVar7 = dVar7 / Double(iVar8)
// dVar7 の値を、iVar8 の値を Double 型に変換したもので割った値を dVar7 自身に代入

iVar8 = Int(dVar7 * 8.3) * 3
// dVar7 の値に 8.3 を掛けた値を整数型に変換した値に 3 を掛けた値を iVar8 に代入
```

整数型の数値を浮動小数点型に変換する場合には、型が変わるだけで値はそのまま保持されます。ところが、その逆に浮動小数点型の数値を整数型に変換する場合には、小数点以下がないという、浮動小数点数としてはかなり特別な場合以外、どうしても値が変化してしまいます。`Int()` を使って整数型に変換する場合は、小数点以下の数値は無条件で切り捨てられてしまいます。つまり、5.0 はもちろん、5.1 も 5.9 も、すべて 5 になってしまうというわけです。

常に切り捨てるのではなく、なるべく近い値に丸めたいという場合は、あらかじめ `Double` 型が備えている `round()` メソッド、または `rounded()` メソッドを使って、四捨五入しておくと良いでしょう。前者は、その Double 型の変数の値を、それ自身を四捨五入した結果で置き換えます。後者は元の変数値は変更せずに、それを四捨五入した結果の値を返します。

いずれの場合も、四捨五入した結果は、値としては小数点以下の数字のない、事実上の整数になりますが、型としてはあくまで浮動小数点型です。そのため、整数型の変数と演算するには、その後で整数型に変換する必要があります。

浮動小数点数の型変換のパターン

```
var dVar8 = 3.7
// Double 型の変数 dVar8 の値を 3.7 として定義


var iVar9 = Int(dVar8)
// dVar8 の値を強制的に整数型に変換して iVar9 に代入（値は 3 となる）
```

```
iVar9 = Int(dVar8.rounded())
// dVar8 の値を四捨五入したものを整数型に変換して iVar9 に代入（値は 4 となる）
// dVar8 の値自体は変化しない

dVar8.round()
// dVar8 の値を、それ自身を四捨五入した結果で置き換える
// dVar8 の値は 4.0 となる
```

余りを求める剰余算

一般的なプログラミング言語には、四則演算以外にも、いろいろな種類の演算がありますが、その中でも数値に対して使う演算として比較的よく出てくるのが**剰余算**です。この名前から意味を考えようとしても難しいかもしれませんが、要するに割り算の余りを求める演算です。

Swift でもそうですが、ほとんどの言語では % という記号で、この剰余算の演算子を表します。割り算の結果に余りが出るということは、その割り算は整数型の演算であるということになります。したがって、この剰余算という演算は、整数型の変数、または値に対してのみ使うことができます。この演算子も = と組み合わせて複合演算子として使うことができます。

% 演算子で剰余を求める

```
var iVar10 = 37
// Int 型の変数 iVar10 の値を 37 として定義


var iVar11 = iVar10 % 11
// iVar10 の値を 11 で割った余り（4）を iVar11 の値として定義


iVar10 %= 3
// iVar10 の値を 3 で割った余り（1）を iVar10 の新たな値として代入
```

4 文字列

ここでは、文字列を変数として扱う方法から始めて、複数の文字列を結合して1つの文字列にする一種の演算、数値を文字列に変換する方法などを扱います。

そもそも文字列とは

プログラミングの世界では**文字列**という言葉を当たり前のように使いますが、一般的には馴染みのない語かもしれません。これは、そのまま**文字**が**列**状に連なったものという意味です。文字を連ねて、日本語など、人間が使う言語の単語や文を表すわけですね。

実際には、1文字を表す文字型というものがあって、それを複数並べて1つにまとめて扱えるようにしたのが文字列だと考えられます。一般にプログラミングでは、1文字ずつ単独で扱う機会はそれほど多くありません。たとえば画面に1文字だけ表示したい、という場合でも、字数が1文字だけの文字列を使うのが普通です。Swiftでも、数値ではなく文字情報を扱う際には、文字列を表す `String` 型を使います。

文字列の定義

他のプログラミング言語と同様、Swiftの文字列も直接表す場合には、文字列そのものを、2つの"(ダブルクォーテーション)のペアで囲って表現します。たとえば `"これが文字列だ"` のようにします。このようにして表現した文字列は、文字列型の変数や定数に代入することができます。

文字列型の変数を定義する

```
var sVar = "This is a String."
// 文字列型の変数 sVar の値を「This is a String.」として定義

let sConst = " 文字列の定数 "
// 文字列型の定数 sConst の値を「文字列の定数」として定義

sVar = " 文字列の値を変更 "
// 変数 sVar の値を「文字列の値を変更」に変更

var sVar1: String
// 文字列型の変数 sVar1 を宣言(値は未設定)

sVar1 = " 値を決定 "
// 変数 sVar1 に、値として「値を決定」を代入
```

▶ 文字列の演算

文字列の値は、**+** の演算子によって結合して、新たな文字列を作り出すことができます。結合の対象となる文字列は、変数に代入したものでも、**"** で囲って直接指定したものでも構いません。また、この文字列の結合には、**+=** という複合演算も可能で、その場合には、元の文字列(左辺の変数)の後ろに、新しい文字列(右辺)が追加されます。

+ 演算子で文字列を結合する

```
var sVar2 = "Swift"
// 文字列型の変数 sVar2 の値を「Swift」として定義

let sConst1 = " 私の名前は " + sVar2 + " です。"
// 文字列の結合によって新たな文字列を作成して定数 sConst1 を定義(値は「私の名前はSwift です。」となる)

sVar2 += " Playgrounds"
// 変数 sVar2 の値(「Swift」)に「 Playgrounds」という文字列を結合して、新たな sVar2 の値(「Swift Playgrounds」)とする
```

数値と文字列の型の変換

数値と文字列では、まったく性格が異なる部分も多いのですが、同じ Swift の**型**として、互いに変換することは可能です。つまり `Int` 型や `Double` 型で表された数値を `String` 型の文字列に変換したり、逆に文字列型を、いずれかの数値型に変換することができるのです。その方法は、Swift の型変換の一般的な方法、つまり**型の名前(変換前の値)**という書き方で可能です。特に、数値として計算した結果を文字列で表現したいことはよくあるでしょう。この方向の変換は、特に制限なく実行可能です。

数値を文字列型に変換する

```swift
let iConst2 = 3287
// Int 型で値が 3287 の定数 iConst2 を定義

var sVar3 = String(iConst2)
// iConst2 の値を表す文字列「3287」を値とする変数 sVar3 を定義

let dConst2 = 43.135
//  Double 型で値が 43.135 の定数 dConst2 を定義

sVar3 = String(dConst2)
// dConst2 の値を表す文字列「43.135」を変数 sVar3 に代入
```

文字列でも、内容が数値を表しているものなら、`Int` や `Double` の数値型に変換できます。ただし、そのまま数値として読むことはできない文字列、たとえば `"number nine"` などを数値型に変換しようとしてもうまくいきません。その場合には、エラーが発生するのではなく、変換後の値が `nil` という、数値としては無効な状態になってしまいます。

文字列型の値を数値に変換する

```swift
let sConst1 = "532"
// String 型で値が「532」の定数 sConst1 を定義

let iConst3 = Int(sConst1)
// sConst1 の値の文字列「532」を Int 型に変換した値の定数 iConst3 を定義
```

```
let sConst2 = "6.5246"
// String 型で値が「6.5246」の定数 sConst2 を定義

let dConst3 = Double(sConst2)
// sConst2 の値の文字列「6.5246」を Double 型に変換した値の定数 dConst3 を定義

let iConst4 = Int(sConst2)
// sConst2 の値の文字列「6.5246」を Int 型に変換した値を定数 iConst4 として定義しよ
うとするが、変換できず結果は nil になる
```

文字列中に変数の値を埋め込む

数値を文字列に変換する方法には、もう 1 つ、もっと簡単な書き方があります。ただし、これは、文字列を 2 つの " で挟んで直接定義する際に、その中に数値型の変数の名前を書いて自動変換するという場合にだけ使えるものです。その際には、文字列の中に \ (バックスラッシュ) に続いて ( ) を書き、そのかっこの中に数値型の変数、または式を置きます。数値を直接書いても良いのですが、それなら最初から文字列として数値を書けば良いだけなので、特に意味のない記述となってしまいます。

文字列中に変数を埋め込む

```
let iConst5 = 329
// Int 型で値が 329 の定数 iConst5 を定義

let sConst3 = " 整数値は \(iConst5) です。"
// iConst5 の値を文字列に変換しつつ「整数値は 329 です。」という文字列を値として持つ定
数 sConst3 を定義

let dConst4 = 192.5
// Double 型で値が 192.5 の定数 dConst4 を定義

let sConst4 = " 実数値は \(dConst4) です。"
//dConst4 の値を文字列に変換しつつ「実数値は 192.5 です。」という文字列を値として持つ
定数 sConst4 を定義

let sConst5 = " 割り算の結果は \(dConst4 / 24.34) になりました。"
// dConst4 / 24.34 の演算結果を文字列に変換して、「割り算の結果は~になりました。」と
いう文字列の間に埋め込んだ文字列を値として持つ定数 sConst5 を定義
```

5 配列

複数の値をまとめて扱うときには、「配列」が欠かせません。ここでは配列を定義して、値を追加したり、配列から値を取り出したりする方法を紹介します。

▶ 配列とはどんなもの？

配列は、1つの変数の中に複数の値をまとめて記憶させるための特別な型です。1つの配列の中に記憶させた個々の値のことを、その配列の**要素**と呼びます。配列は1つの変数なので名前も1つですが、もちろんそれだけでは配列の中の個々の要素にアクセスできません。そこで、配列の変数名に加えて**インデックス**を指定します。日本語では**添字**（そえじ）と言います。これは0から始まる整数値で表しますが、整数型の変数で指定することも可能です。

プログラムで大量のデータを扱う場合、そのそれぞれの値を別々の変数に記憶させることもできますが、その数だけ変数名が必要となるので、管理がたいへんです。

また、それらすべての値に対して同じような処理を実行する場合、ループによる繰り返しによって効率よく処理するためには、多くの値が別々の変数に記憶されていては都合が悪いのです。具体例は「繰り返し処理」の中で示しますが、その際には配列のインデックスを変数によって指定できることが威力を発揮します。

▶ 最初から中身を設定する配列の定義

配列に最初から値を入れて定義する場合は、直接数値を入れて中身を設定することがほとんどでしょう。あるいは、別の配列の中身をそっくりコピーする形で、新たな配列を定義することも可能です。配列は、どんな型のものでも作ることができますが、

1 つの配列の中の要素は、すべて同じ型でなければなりません。

配列は、全体を角かっこ（大かっこ）[] でくくり、その中に要素をカンマ , で区切って並べます。カンマだけで区切りになるのですが、見やすくするために、カンマとスペースを続けて書いて区切りにするのが慣例になっています。

配列を定義する

```
let iArray = [3, 6, 2, 17, 8, 5]
// 6 個整数を要素として持つ配列 iArray を定義

let dArray = [2.6, 5.28, 8.3, 9.1]
// 4 個の浮動小数点数を要素として持つ配列 dArray を定義

var iArray1: [Int]
// Int 型の値を要素とする配列 iArray1 を宣言

iArray1 = [8, 2, 9, 1, 19]
// iArray1 に整数の配列を代入

let iArray2 = iArray1
// iArray1 と同じ中身の配列 iArray2 を定義
```

配列の要素を取り出す

ある配列の中の 1 つの要素を指定して取り出すには、角かっこのペア [] を使って、**配列名 [インデックス]** のように書きます。もちろんインデックスの部分は変数で指定することもできます。インデックスは 0 から始まることを忘れないでください。

このインデックスを指定するための角かっこは、配列の要素を並べたものを囲う角かっこと同じものですが、意味はまったく違います。**配列に使うかっこは角かっこ**と覚えておけば良いわけですが、よく考えるとこの意味の違いに違和感を覚えて、最初は抵抗を感じるかもしれません。そのうちに慣れてくると、なんとも思わなくなるでしょう。

配列から値を取り出す

```
let iArray3 = [4, 2, 5, 3, 32]
```

```
// 5個の整数を要素として持つ配列 iArray3 を定義

var iVar11 = iArray[2]
// iArray のインデックス 2 の値（5）を値として持つ変数 iVar11 を定義

iVar11 = 1
// iVar11 に整数値 1 を代入

var iVar12 = iArray[iVar11]
// iArray のインデックスが iVar11（値は 1）の値（2）を値として持つ変数 iVar12 を定義
```

▶ ダイナミックな配列

変数に代入した配列の中身は、ある程度自由に編集することができます。特定の要素の値を変更したり、指定した要素を削除したり、新たな要素を加えることもできます。もちろん、配列全体をそっくり入れ替えることも可能です。ただし、定数として定義した配列は、その配列全体はもちろん、その中の 1 つの要素も変更することはできません。

変数としての配列の中身をダイナミックに変化させて使う場合、最初は要素が 1 つもない空の配列からスタートすることも多いでしょう。空の配列を定義するための方法は 2 通り考えられます。1 つは、上に示したような方法で目的の型の配列を宣言して、そのまま空の配列 **[]** を代入する方法、もう 1 つは、配列の初期化の文法を利用して空の配列を作成する方法です。

空の配列を定義する
```
var iArray4: [Int] = []
// 整数型の値の配列 iArray4 を宣言して、そのまま空の配列を代入する

var iArray5 = [Int]()
// 整数型の値の配列を初期化して（中身は空）、iArray5 として定義する
```

配列に新たな要素を追加するには、配列自体が備えている **append()** メソッドを使います。引数として追加したい要素の値を指定します。もちろん、その型は配列の要素の型と合致していなければなりません。この方法で追加した要素は、元の配列の最後

の要素として付け加えられます。言い換えれば、追加した要素のインデックスの値が、その配列の中で最大になるような位置に置かれることになります。

配列に要素を追加する

```
iArray4.append(8)
// iArray4 に、値が 8 の要素を追加

let item = 12
// 整数型で値が 12 の定数 item を定義

iArray5.append(item)
// iArray5 に item の値（12）の要素を追加
```

配列の中の特定の要素を削除するには、配列自体が備えている `remove()` メソッドを使います。このメソッドには、`at` というラベルのついた引数として、削除したい要素のインデックスを指定します。このメソッドで要素を削除すると、その値だけでなく要素そのものが削除されるので、その配列の要素の数は 1 つ減ることになります。また、このメソッドは削除した要素の値を返します。そのため、文字通り配列から要素を<u>取り出す</u>ことが 1 度の処理で可能になります。

配列から要素を削除する

```
var iArray6 = [6, 9, 36, 4, 28, 7]
// 6 個の整数を要素として持つ配列 iArray6 を定義

iArray6.remove(at: 2)
// iArray6 の 2 番めの要素を削除（配列は [6, 9, 4, 28, 7] になる）

let re = iArray6.remove(at: 2)
// iArray6 の 2 番目の要素を削除して、その要素の値を持つ定数 re を定義（re の値は 4 に、
// 配列は [6, 9, 28, 7] になる）
```

▶ 多次元の配列

配列の要素として、さらに別の配列を設定することもできます。これは、整数や浮動小数点数の要素が 1 列に並んだ 1 次元の配列だけでなく、多次元の配列を作成できる

ことを意味します。

たとえば、配列の個々の要素が、整数や浮動小数点数を要素として持つ配列になっていれば、その配列は2次元の配列だと考えられます。さらに、その2次元の配列を要素として持つ配列は、3次元の配列ということになります。理論上は何次元の配列でも作成できます。多次元の配列も、要素の型が配列（Array）型になるだけで、機能的には上で説明した1次元の配列と特に変わりありません。

多次元の配列を定義する

```
var i2DArray = [[3, 6, 7], [4, 13, 2], [5, 26, 18]]
// 要素が整数型の配列3つを要素として持つ2次元配列、i2DArray を定義


var iArray7 = i2DArray[1]
// i2DArray の1番目の要素（[4, 13, 2]）の配列を値として持つ変数 iArray7 を定義


let iArray8 = [1, 57, 32]
// 3つの整数値を要素として持つ配列を値とする定数 iArray8 を定義


i2DArray.append(iArray8)
// iArray8 の値の配列を、i2DArray 配列の最後の要素として追加
```

また、配列内の配列から要素を取り出したいときは、**[0][1]**のようにインデックスを続けて指定します。

配列の要素の配列の要素を取り出す

```
let i2DInt = i2DArray[2][1]
// i2DArray の2番目の要素の配列（[5, 26, 18]）から、1番目の要素（26）を取り出し、
定数 i2DInt として定義
```

6 論理式

条件によって実行する処理を変えたり、同じ処理を何回繰り返すかといった設定を担うのが、ここで解説する論理式です。論理式というと何やら難しそうですが、意外に単純です。

▶ 論理式ってどんなもの？

普通の式が結果として数値を求めるものなのに対して、論理式は結果として論理値を求めます。論理値は、値として**真**か**偽**の2種類のいずれかしか取りません。そのため、これを**真偽値**と呼ぶこともあります。Swift では、真は `true`、偽は `false` で表します。

もっとも単純な論理式は、`true` または `false` そのものです。実際にそれらを単独で使う場合もありますが、多くの場合、論理式は、それらの論理値を求めるために**比較演算**や**論理演算**を組み合わせて実行します。

比較演算は、2つの数値が一致しているかどうか、あるいはどちらが大きいか、といったことを調べるための演算です。論理演算は2つの論理値から1つの論理値を求めるためのものです。2つの論理値が両方とも真か（AND）、少なくとも片方が真か（OR）、といった一般的な論理の考え方を表すことができます。論理演算も、普通の演算のように連続して書くことで、3つ以上の論理値から1つの論理値を求めることができます。

論理式は、場合によってプログラムの実行の流れを変更する**条件分岐**や、**繰り返し処理**を終了するための条件として使われるのが普通です。

CHAPTER 8 やさしい Swift プログラミング言語の基礎

▶ 数値の比較

2つの数値を比較する演算子には、両者が一致しているかどうかを調べる `==`、逆に一致していないかどうかを調べる `!=`、左辺が右辺よりも大きいかどうかを調べる `>`、逆に左辺が右辺よりも小さいかどうかを調べる `<`、左辺が右辺以上かどうかを調べる `>=`、逆に左辺が右辺以下かどうかを調べる `<=` などがあります。いずれも、それらの条件が成立すれば結果の値は `true`、成立しなければ `false` になります。

演算子	意味	true の論理式
==	左辺と右辺が一致しているかどうかを調べる	100 == 100
!=	左辺と右辺が一致していないかを調べる	100 != 120
>	左辺が右辺より大きいかどうかを調べる	120 > 100
<	左辺が右辺より小さいかどうかを調べる	100 < 120
>=	左辺が右辺以上かどうかを調べる	120 >= 100
<=	左辺が右辺以下かどうかを調べる	100 <= 120

比較演算子で数値を比較する

```
let iConst6 = 14
// Int 型で値が 14 の定数 iConst6 を定義


iConst6 > 9
// iConst6 が 9 より大きいかどうかを調べる比較演算（結果は true）


iConst6 <= 7
// iConst6 が 7 以下かどうかを調べる比較演算（結果は false）


iConst6 != 14
// iConst6 が 14 に一致していないかどうかを調べる比較演算（結果は false）
```

文字列の比較

数値の比較に比べると使用頻度は低いのですが、比較演算子を使って文字列同士を比較し、両者が一致しているかどうか調べることも可能です。ただし、そこで使えるのは一致を調べる `==` と、不一致を調べる `!=` だけで、大きいか小さいかに関する比較演算はできません。よく使われるのは、文字列が空でないことを確かめるために空の文字列 `""` と比較することです。

比較演算子で文字列を比較する

```
let sConst6 = "Monday"
// String 型で値が「Monday」の定数 sConst6 を定義

sConst6 == "Monday"
// sConst6 の値が「Monday」かどうかを調べる比較演算（結果は true）

sConst6 == "Tuesday"
// sConst6 の値が「Tuesday」かどうかを調べる比較演算（結果は false）

sConst != ""
// sConst6 が空の文字列でないことを調べる比較演算（結果は true）
```

配列の比較

配列の一致は、なんとなくすべての要素を 1 つずつ値を取り出して値を比較し、全部が一致していたかどうかを調べる必要がありそうに思えますが、Swift は、文字列と同じように `==` や `!=` の比較演算によって、配列のまま一発で比較できます。一致するためには、当然ながら要素の型や数、出てくる順番も一致している必要があります。

比較演算子で配列を比較する

```
let iArray9 = [4, 6, 19, 42, 5]
// 整数型の要素 5 つを持つ配列 iArray9 を定義
```

```
iArray9 == [4, 6, 19, 42, 5]
// iArray9 の配列が [4, 6, 19, 42, 5] に一致しているかどうかを調べる比較演算（結果
は true）

iArray9 == [4, 6, 19, 2, 5]
// iArray9 の配列が [4, 6, 19, 2, 5] に一致しているかどうかを調べる比較演算（結果は
false）

iArray9 != [4, 6, 19, 42, 5]
// iArray9 の配列が [4, 6, 19, 42, 5] に一致していないかを調べる比較演算（結果は
false）
```

論理値の演算

論理演算は、論理値同士を演算して、新たな論理値を結果として得る演算です。とはいえ、単純な論理値同士を演算することはまれで、2つの比較演算の結果の2つの論理値を演算して、最終的に真か偽かを判断するという使い方が多くなっています。たとえば、1つの数値がある範囲に入っているかどうかを調べる場合など、このパターンが当てはまります。

よく使われる論理演算には、演算子の左右の論理値が両方とも真だった場合だけ真になる論理積 `&&`（アンパサンド2つ）と左右の論理値のいずれか片方でも真であれば真になる論理和 `||`（縦棒2つ）があります。

ちょっと変わった論理演算子としては、論理値の前に付けて論理を反転させる `!` というものもあります。つまり `true` は `false` に、`false` は `true` にするわけです。これは数値の前に付けて正負を反転させるマイナス記号と似たようなものと考えると理解しやすいでしょう。

論理演算子で複数の論理値を演算する

```
true && true
// true と true の論理積（結果は true）

true && false
// true と false の論理積（結果は false）

true || false
```

8-6 論理式

```
// true と false の論理和（結果は true）

!(false || false)
// false と false の論理和の論理を反転する（結果は true）

let iConst7 = 19
// Int 型で値が 19 の定数 iConst7 を定義

(10 < iConst7) && (iConst7 < 20)
// iConst7 が 10 より大きく、かつ 20 より小さいかを調べる（結果は true）
// 10 < iConst7 && iConst7 < 20 と書いても結果は同じだが
// 読みにくいので比較演算をかっこで囲う方が良い
```

数値だけじゃなく、文字列や配列も、真か偽かを調べられるのね。
今まで作ったプログラムにも、たくさん出てきたわね！

さらに、二つの論理値を比べて、真か偽かを出す「論理値の演算」もできるのじゃ。

7 条件分岐

ここでは、代表的な分岐のうち、`if`、`if ～ else`、`if ～ else if`、`switch ～ case` によるものと、ちょっと変わった**三項演算**という方法を取り上げます。

▶ 条件分岐とは

コンピューターのプログラムは、普通、最初から最後までずっと1本道の上を走るわけではありません。そのようなプログラムもないわけではありませんが、非常に短く、かつ単純な動作の例外的なものだけでしょう。ほとんどのプログラムには、途中に何かしらの分かれ道が、いくつかあるものです。その分かれ道に差しかかったとき、そこに示されている条件に従って、どちらの道を選ぶかを決めます。そのようにしてプログラムの流れが変わることを**条件分岐**と呼びます。

▶ if

条件分岐の中で、もっとも基本的なものが `if` を使ったもので、一般に **if文**と呼ばれています。Swift では、`if` の後に、条件として論理式を書き、その後ろに `{}` でくくって、条件の論理式が真だった場合に実行するプログラムを書きます。基本的な形は `if 論理式 {}` のようになります。

`{}` の中には、論理式の値が真だった場合の処理が入ります。偽だった場合には、`{}` の中は実行せず、その続きから実行します。真だった場合も、`{}` の中を実行した後で、その続きを実行することになり、`if` によって分岐したプログラムがそこで合流します。

if 文を使った条件分岐

```
if iVar13 > 9 {
    // iVar13 の値が 9 より大きかった場合の処理
}
```

ここでは、`iVar13` という名前の整数型の変数に、何らかの値が入っているものと仮定しています。一般的なプログラミング言語では、条件の論理式をかっこ () で囲う必要がありますが、Swift では不要です。ただし、複数の比較演算を組み合わせたりする複雑な論理式の場合には、意味の区切りで適当にかっこを付けると読みやすくなり、誤解も少なくなります。

▶ if 〜 else

`if` による条件分岐に `else` を加えると、条件の論理式が偽だった場合にのみ実行するプログラムの部分を追加できます。基本的な形は **if 論理式 {} else {}** のようになります。最初の `{}` の中には、`if` だけの場合と同様、論理式の値が真だった場合にだけ実行する処理が入ります。そして 2 番目の `{}` の中には、それが偽だった場合にだけ実行する処理が入るというわけです。分岐したプログラムは、`else` の次の `{}` の後で、ようやく合流します。

if 〜 else を使った条件分岐

```
if iVar13 < 5 {
    // iVar13 の値が 5 より小さかった場合の処理
} else {
    // それ以外の場合（iVar13 の値が 5 以上）の処理
}
```

ここでも、整数型の変数 `iVar13` に、あらかじめ何らかの値が入っていることを想定しています。

if 〜 else if

ifでも if 〜 else でも、分岐の条件を決める論理式は1つだけなので、場合分けとしては常に2つに1つということになります。実際のプログラムでは、もっと細かく場合を分けて、3通り以上の分岐の可能性を用意しておきたいこともあります。
その場合は、if 〜 else の else の後ろに {} を置くのではなく、さらに if を書いて、その後ろに2番目の分岐の条件を設定することもできます。else if はいくらでも続けることができますが、最後にはそれまでのどの条件にも当てはまらない場合の処理を else {} のようにして書くのが普通でしょう。一般的には if 論理式1 {} else if 論理式2 {} else if ... else {} のような形になります。

if 〜 else if を使った条件分岐
```
if iVar13 >= 100 {
    // iVar13 の値が 100 以上だった場合の処理
} else if iVar13 >= 50 {
    // iVar13 の値が 100 未満で 50 以上だった場合の処理
} else if iVar13 >= 10 {
    // iVar13 の値が 50 未満で 10 以上だった場合の処理
} else {
    // それ以外の場合（iVar13 の値が 10 未満）の処理
}
```

言うまでもなく、これも整数型の変数 iVar13 が存在して、何らかの値を持っていることを想定したプログラムです。

switch 〜 case

条件分岐の場合分けが複数になる場合、if 〜 else if を必要な回数だけ繰り返せば、どんな状況にでも対処できるわけですが、それが必ずしも読みやすい記述になるとは限りません。特に、ある変数の値という単純な条件に応じて何通りにも分岐するような場合、if と else を延々と続けて書くのはまどろっこしいと感じられるのではないでしょうか。また、そうしたプログラムは、現在のコンピューターでは問題になるほどではないとはいえ、実行する際の効率もよくありません。条件を上から順に調べて

いくので、合致するものが下の方にあった場合、これでもない、あれでもないと、ずっと当たらない比較を繰り返した末に、ようやく目的の条件にたどり着くような動きになるからです。

そこで登場するのが switch 〜 case です。これは、複数の分岐の可能性があった場合に、回転式のスイッチによってスパッと行き先を決めるというイメージです。条件による判断は、どの行き先に向かう場合も 1 回だけです。case というのは、**場合**といった意味です。**スイッチによって場合分けする**わけですね。

基本的な形は、大枠としては switch 式 {} のようになっていて、まず switch の後ろの**式**を評価して値を求めます。通常は変数名を 1 つ書くことが多いわけですが、なんらかの値が求まるなら、どのような式でもかまいません。その式の値に応じて、{} の中に書いた場合の候補の中から 1 つを選んで実行することになります。その候補の 1 つは、case 値: 文 のようになっていて、switch の後ろの**式**の値と一致した値を持つ候補の文が実行されます。case の後ろに、式の値との一致を調べる値を書き、さらにコロン : で区切って、その場合に実行する文を書くのです。言葉で説明しても分かりにくいので実例を示します。

switch 〜 case を使った条件分岐

```
switch iVar14 {
    case 0:
        // iVar14 の値が 0 の場合の処理
    case 1:
        // iVar14 の値が 1 の場合の処理
    case 2:
        // iVar14 の値が 2 の場合の処理
    default:
        // iVar14 の値がそれ以外の場合の処理
}
```

この例も、整数型の変数 iVar14 に、あらかじめ何らかの値が入っていることを前提としています。その値が 0 のときは、case 0: の後ろの文を実行します。以下同様です。文は複数であっても {} でくくる必要はありません。case 自体が区切りになっているので、それでも紛らわしいということはありません。

他の一般的なプログラミング言語では、次の case の前に break を書かないと、続く case の部分に実行がだらだらと流れ込んでしまいますが、Swift ではそこの break は不要です。続く case の手前までが実行されます。

ただし、Swift では `default:` の場合を必ず書かなければなりません。ここには、`case` で指定した値のどれにも該当しない場合に実行される文を書きます。すべての場合を `case` で表現してあり、`default` では何も実行する内容がない、という場合には、`default:` に続けて `break` を書いておきます。その `break` は必ず書かなければなりません。

他にも多くのプログラミング言語に `switch 〜 case` による条件分岐が備わっていますが、そのほとんどは条件の**式**や場合の**値**が整数型に限られています。Swift にはそのような制限はなく、たとえば文字列型でも `switch 〜 case` によって場合分けすることが可能です。

`switch 〜 case` の文字列型での条件分岐
```
var youbi = ""
switch weekDay {
    case "Monday":
        youbi = "月曜日"
    case "Tuesday":
        youbi = "火曜日"
...
    default:
        break
}
```

ここでも、変数 `weekDay` には、`Monday`、`Tuesday`... といった英語の曜日名を表す文字列が入っているものと仮定しています。このプログラムは、そうした英語の曜日名を日本語の曜日名に変換して、文字列型の変数 `youbi` に代入するものです。

▶ 三項演算

この三項演算は、ちょっと耳慣れない用語かもしれません。これを初めて目にする人にとっては、その動作も、名前から想像するものとはまったく違っている可能性が高いでしょう。

これは、`if 〜 else` の非常に単純な場合を、まったく別の書き方で実現するものです。その**単純な場合**とは、ある変数に代入する値を、条件が真か偽かによって、2つのうちから選ぶ、といった場合を指します。と言っても、変数に代入する部分は、こ

の演算には含まれません。この演算は、真か偽かの条件式の値に応じて、2 つの式のうちの 1 つの式の演算結果の値を取る、というところまでです。

一般的な形は**条件式 ? 式1 : 式2** となります。この**条件式**の値が真なら**式1** を、偽なら**式2** を評価した値が、この三項演算の値となります。この中に出てくる**?** と **:** を組み合わせて**三項演算子**と呼びます。

三項演算子で変数を定義する

```
let number = iVar15 > 100 ? iVar15 - 50 : iVar15 + 50
```

例によって `iVar15` には整数型の何らかの数値が入っているものとします。この 1 行だけで、`iVar15` の値が `100` より大きいときは `iVar15 - 50` が、`100` 以下のときは `ivar15 + 50` が、新たな定数 `number` の値となります。

三項演算は、慣れないと暗号のようで分かりにくいと感じられるかもしれません。しかし、記述が非常にコンパクトになるので、条件によって変数に代入する値を変えたい、といった単純な条件分岐の場合には便利な書き方となっています。

ぱっと見は少し分かりづらいかもしれないが、慣れれば使い勝手の良い記述方法なのじゃ。

8 繰り返し処理

ここでは、もっとも一般的な繰り返し処理命令の `for 〜 in`、繰り返すかどうかをループに入る前に条件で判断する `while`、ループの後で判断する `repeat 〜 while` を取り上げます。

▶ 繰り返し処理とは

繰り返し処理は、条件分岐の一種とも考えられます。あらかじめ設定された条件が満たされるまで、何度も同じところに戻って、処理を繰り返すような動作になるからです。このようなプログラムの動作を、一般に**ループ**と呼んでいます。

その繰り返しの条件としては、繰り返す回数や変数の値の範囲、ある時点での変数の値などを指定することができます。そうした条件の設定方法に応じて、さまざまなタイプの繰り返し処理のための命令が用意されています。

▶ for 〜 in

非常に多くのプログラミング言語が、繰り返し処理のために **for** というキーワードを使ったループ機能を用意しています。もちろん Swift もそうなのですが、Swift の `for` は、他のプログラミング言語で普通に使われているものとは違い、必ず `in` というキーワードを伴います。

もちろん使い方も異なります。その Swift の `for 〜 in` にも大別して2種類のものがあります。1つは、繰り返しを値の**範囲**で指定するもの、もう1つは、配列などから要素を1つずつ取り出しながら要素の数だけ繰り返すもの、となっています。

まず値の範囲でループをコントロールする方から見ていきましょう。この一般的な書き方は、`for 変数 in 開始値 ... 終了値 {}`、または `for 変数 in 開始値 ..< 終`

了値 {}のようになります。いずれの場合も、**変数**、**開始値**、**終了値**はすべて整数型です。また、いずれも変数の値が開始値から終了値まで、1つずつ増えながらループを回って {} の中の文を実行します。ということは、終了値の値は開始値以上でなければならないことになります。両者の違いは、前者の変数の変化は終了値を含むのに対し、後者は含まないことです。例で確認しましょう。

for ～ inで繰り返し処理
```
var sum = 0
for i in 1 ... 5 {
    sum += i
}
// i は 1 から 5 まで変化し、sum の値は 15 となる

sum = 0
for i in 1 ..< 5 {
    sum += i
}
// i は 1 から 4 まで変化し、sum の値は 10 となる
```

この、for の直後に書いた変数（この例では i）は、ループの中だけで使う（値を読む）ことができます。あらかじめ var によって宣言しておく必要はありません。そして、この変数は、ループを抜けると消滅してしまいます。

もし、ループの中身の {} 中でループの範囲を示す変数を参照する必要がない場合は、変数名を付けなくてもかまいません。そのときは、_（アンダースコア）で代用できます。

変数名を _ で代用する
```
var count = 0
for _ in 0 ... 5 {
    count += 1
}
// count の値は 6 となる
```

次に配列から要素を1つずつ取り出しながらループを回るタイプの for ～ in の書き方を示します。基本的な形は、for 変数 in 配列 { ループの中身 } のようになります。このループでは、**変数**は単なるカウンターではなく、**配列**の要素が1つずつ代入

された状態で、ループの中身が実行されます。ここでも、変数はあらかじめ宣言しておく必要もなく、ループを抜けると消滅します。

for 〜 inで繰り返し処理
```
var iVar16 = 0
let iArray10 = [9, 5, 6, 17, 3]
for item in iArray10 {
    iVar16 += item
    iVar16 /= 2
}
// ループは iArray10 の配列の要素の数だけ回る
// ループの中で item で値は、9、5、6、17、3 と変化する
```

▶ while

for 〜 inによるループは、どうしても繰り返す**回数**に重点を置いたものになるのですが、このwhileによるループでは、あらかじめ回数は意識せず、繰り返し処理を終了する**条件**を重視したもの、という傾向が強くなるでしょう。

一般的な形は、while 条件式 {}となります。この中の**条件式**（論理式）の値が真である間、{}の中の文の実行を繰り返します。そして、{}の中の文を実行することによって条件式に含まれる変数の値が変化したり、条件式そのものの評価（演算）によって、条件式の値が偽になると、次のループには入らずに{}の続きの実行に移ります。その判断のタイミングは{}の中の文の実行の前です。そのため、場合によっては{}の中を一度も実行しないこともあります。

whileで繰り返し処理
```
import Foundation
var iVar17 = 0
while arc4random() % 7 > 0 {
    iVar17 += 1
}
// 条件式の中で発生した乱数が7で割り切れなければループに入る
// ループの中では、iVar17の値を1だけ増やしてカウントする
```

このプログラムは、条件式の中で `arc4random()` ファンクションによって乱数を発生させているので、あらかじめ Foundation フレームワークをインポートしておくことが必要です。その乱数の値を 7 で割った余りが 0 でなければ `{}` で囲まれた文を実行します。この場合、その中では `iVar17` の値を 1 だけ増やしているので、これによって実際に何回ループを回ったかが分かります。この値は、平均すれば 7 前後になりそうですが、もし最初に出た乱数の値が 7 の倍数だった場合には、1 度もループに入らないので、`iVar17` の値は 0 のままとなります。

▶ repeat 〜 while

repeat 〜 while によるループは、while によるループと動作も含めて似ていますが、条件を調べるタイミングだけが異なります。一般的な形は、`repeat {} while 条件式` となります。つまり、repeat の後ろにある `{}` で囲まれたループ本体は、とりあえず無条件で 1 回だけ実行し、その後で while の後ろの条件式によって、次の実行に入るかどうかを判断します。もちろん条件式の値が真なら実行し、偽なら実行せずに次に移ります。

repeat 〜 while で繰り返し処理

```
var iVar18 = 7
var fact = 1
repeat {
    fact *= iVar18
    iVar18 -= 1
} while iVar18 > 0
// ループの中身を 1 回実行してから iVar18 の値を調べる
// iVar18 の値が 0 より大きければ次のループに入る
```

このプログラムは、`iVar18` に設定した 1 以上の整数の**階乗**をループによって求めるものです。階乗は、1 と、その数を含めて、その間にあるすべての整数の値を 1 回ずつ掛け合わせたものです。答えは、ループを抜けた時点の `fact` に入ります。かならずしも repeat 〜 while を使わなくても書けるプログラムですが、条件判断をループの後ろに持ってくる例としては、これも 1 つの方法です。

continue

continue は、それによって繰り返し処理を実行するというようなものではありませんが、繰り返し処理の中でしか使わないので、ここで取り扱うことにしました。
continue は、for 〜 in によるループの中でも、while や repeat 〜 while の中でも使うことができます。この命令の働きは、ループの中の残りのプログラムの実行をスキップして、ループの次の回に入ろうとする、というものです。いずれにしても、それによってループの 1 回分の実行が終了するので、もしそれによって繰り返しの終了条件を満たしてしまえば、その繰り返し処理自体が終了となります。
通常は continue をそのままループの中に置くことはなく、if などによって、何らかの条件を判断して、その結果ループの残りをスキップするかどうかを決める、という使い方が多いでしょう。

continue で処理を途中でスキップする

```
var oSum = 0
for i in 1 ... 100 {
    if i % 2 == 0 { continue }
    oSum += i
}
// 1 から 100 までの奇数だけの合計を計算する
```

このプログラム自体は、回りくどい書き方に見えるでしょう。この例では、continue を使うまでもなく、if だけで済ますことができるからです。

break

break も continue 同様、それだけで繰り返し処理を構成するようなものではありません。continue が、ループの中の残りのプログラムの実行をスキップしたあと、ループの次の回に入ろうとするのに対し、break は、その繰り返し処理自体を終了してしまいます。
やはり continue 同様、break をそのままループの中に置くことはなく、if などによって、何らかの条件を満たした場合のみに、繰り返し処理を終了するかどうかを決

める、という使い方になるでしょう。

break で残りの処理を中断する

```
let target = 119
var iVar19 = 2
repeat {
    if target % ivar19 == 0 { break }
    iVar19 += 1
} while iVar19 <= target
// target が iVar19 で割り切れたら、その時点で繰り返し処理を終了
// 割り切れなければ iVar19 が target 以下の間、iVar19 の値を 1 増やして繰り返す
```

このプログラムは、`target` に設定した整数の、1 を除いた最小の約数を見つけるものです。`iVar19` に設定した値を 2 から 1 ずつ増やして確かめるので、効率の良い方法ではありません。約数が見つかった(`target` が `iVar19` で割り切れた)時点で `break` によって繰り返し処理を抜けてしまいます。答えは、言うまでもなく `iVar19` に入っています。

9 ファンクション

ここでは、既存のファンクションの呼び出し方、ファンクションが値を返す場合の扱い方、引数（パラメータ）を取るファンクションへの引数の渡し方などの使い方を学びます。

▶ ファンクションとは？

ファンクションは、日本語では**関数**と呼ばれることが多いのですが、本書では基本的に**ファンクション**で通しています。それは関数が、もともとは数学用語で、一般にはなじみの薄い言葉であるということと、その数学的な意味の関数は、プログラミングに出てくるファンクションよりも、意味が狭いと考えられるからです。

プログラミングのファンクションは、関数的に使えるものもありますが、単にプログラムの部分をまとめて、名前を付けて他の部分から呼び出せるようにしたものも多いのです。その場合のファンクションの意味は、より一般的な訳の**機能**と考えたほうが自然でしょう。もちろん、これは用語の問題だけなので、ファンクションはやはり関数だ、という主張をお持ちの方は、本書のファンクションを、そのまま関数に読み替えていただければと思います。

ここでは、Swift言語というよりも、Foundationフレームワークが提供しているものを含む、既存のファンクションの使い方から、独自のファンクションを定義する方法、そして**クロージャ**と呼ばれる、いわば名前のないファンクションについても解説します。

▶ 引数のないファンクションの呼び出し

Swift のファンクションには、いろいろなタイプがあります。そのため、その使い方、つまりそのファンクションを呼び出すときの書き方も、タイプによってさまざまです。もっとも単純なのは、引数を取らないファンクションの呼び出しです。これはファンクション名の後ろに `()` を付けて書くだけです。たとえば範囲を指定せずに整数の乱数を発生する `arc4random` や、同じく浮動小数点数（Double 型）の乱数を発生する `drand48` という名前のファンクションは、名前の後ろに `()` だけを付けて呼び出します。

なお、以下のファンクションを利用するには、あらかじめ `Foundation` というフレームワークをインポートしておく必要があります。

引数を取らないファンクションを呼び出す
```
import Foundation
arc4random()
drand48()
```

▶ 引数を取るファンクションの呼び出し

次に、引数を取るタイプのファンクションを見てみましょう。Swift では、一般的な C 言語のスタイルで呼び出せるファンクションもサポートしています。これは、ファンクション名の後ろの `()` の中に、引数の値だけを書くものです。引数が複数ある場合には、`,`（カンマ）で区切って所定の順番で並べます。

このタイプの代表的なものは、本書のゲームプログラムの中で使っている三角関数のファンクションです。これらも `Foundation` がサポートするファンクションです。

引数を取るファンクションを呼び出す
```
sin(1.3)
cos(0.5)
atan2(1.8, 2.2)
```

上の例でも分かるように、引数を取るファンクションに与える引数が、値だけだと、

知らない人にとっては、それが何を意味するのか分かりにくくなります。そこでSwiftの標準的なファンクションでは、引数の値とセットで引数のラベル（名前）を書くようになっています。

実際には、**引数のラベル： 引数の値**のように、ラベルを先に書き、その後ろに：（コロン）と、任意で半角スペースを挟んで引数の値を書きます。複数の引数がある場合には、このセットの間を、やはり，で区切ります。

ここでは、後で定義することになる自前のファンクションを呼び出す例を示します。

> **ラベルで引数の名前を指定する**
> ```
> move(dx: 3, dy: -5)
> ```

▶ ファンクションの戻り値の受け取り

ここまでに示したファンクションの呼び出しの例は、いずれもファンクションが戻す値を無視していました。必ずしもすべてのファンクションが値を返すわけではありませんが、ファンクションの関数としての基本的な働きは、何らかの引数を取り、それをファンクション内部で処理した結果を戻り値として返す、というものです。もちろん、上で見た乱数を発生するファンクションは、引数を取りませんが、発生した乱数を返すということが重要な機能になっています。

中には、引数も取らず、値も返さないファンクションというものもあります。それは数学的な意味での関数とは言えませんし、それで何の役に立つのかという疑問もあるでしょう。戻り値を返さないファンクションは、実はその**副作用**に期待して呼び出すのです。

たとえば、上で例に挙げた`move()`というファンクションは、X軸とY軸の差分を指定して何かを動かすもののように見えます。たとえば、画面上に表示した図形や、床の上のロボットを動かすためのファンクションかもしれません。このようなファンクションは、たとえ値を返さなくても、言い換えれば関数としては機能しなくても、その副作用によって立派な役割を果たすのです。

ファンクションの戻り値を受け取る際には、ファンクションの呼び出し自体が、1つの式として値を持つものと考えることができます。つまり、それをそのまま変数に代入したり、式の中で他の値と組み合わせて演算したりできるということです。

ファンクションの戻り値を受け取る

```
let rNum = drand48()
var diff = sin(0.3) + cos(-0.7)
```

ファンクションの定義

ファンクションは、既存、あるいは既定のものを呼び出して利用するだけでなく、独自に定義し、既存のものと同様に呼び出して使うことができます。ファンクション定義の基本的な形は、`func 名前（引数リスト）-> 戻り値の型 { ファンクションの中身 }`のようになります。引数を取らないファンクションの場合には、このうちの引数リストを省略できます。また、戻り値のないファンクションの場合には、`-> 戻り値の型`の部分を省略可能です。

まず、引数も取らず、戻り値も返さない、もっとも単純なファンクションの定義例を見てみましょう。

ファンクションの定義

```
func reset() {
    // 何かを「リセット」するプログラム
}
```

次に、引数は取るものの、戻り値は返さないというタイプのファンクションの定義です。ファンクションを定義する際の引数リストの1つの引数は、呼び出すときとは異なり、引数ラベル名：引数の型のようになります。呼び出すときと同じコロンで区切るので、ちょっと紛らわしいのですが、変数の定義のように、型の指定が必要なことを考えれば、この書き方にも違和感はないでしょう。引数が複数ある場合は、そのセットは、やはりカンマで区切ります。

引数が1つの場合と2つの場合の形だけを以下に示します。もちろん、複数の引数の型は異なったものの組み合わせが可能です。

引数を1つ取るファンクションを定義

```
func withParam1(one: Int) {
    // ファンクションの中身
```

```
    }
```

引数を 2 つ取るファンクションを定義
```
func withParam2(first: Double, second: Int) {
    // ファンクションの中身
}
```

ファンクションから戻り値を返すのはとても簡単です。`return` に続けて返したい値を書くだけです。その文を実行すると、ファンクションの動作も終了して、それを呼び出したプログラムの続きに戻ります。そのため、この `return` は、ファンクションの中身の最後の部分に書くのが一般的ですが、`if` や `switch` などの条件分岐によって、異なる値を返したい場合など、1 つのファンクションの中に複数の `return` があるのも珍しくありません。

例として、3 つの `Int` 型の引数を取り、その平均値を `Double` 型で返すファンクションを定義してみましょう。

戻り値を返すファンクションを定義
```
func average(i1: Int, i2: Int, i3: Int) -> Double {
    return Double(i1 + i2 + i3) / 3.0
}
```

▶ クロージャ

Swift の**クロージャ**は、一言で表せば名前のないファンクションです。Objective-Cでは**ブロック**と呼ばれているものに相当し、他のプログラミング言語では**ラムダ**と呼ばれるものと同等のものです。いずれにしても、初心者には、なかなか理解しにくい概念かもしれません。またクロージャは、使い方を含めてなかなか奥が深いもので、詳しく説明するとかなりのページ数を割かなければなりません。そこで、ここでは、その形だけを、ごく簡単に説明しておくことにします。

まずクロージャの一般形は、`{( 引数リスト ) -> 戻り値の型 in クロージャの中身 }` のようになっています。これはファンクションの定義によく似ています。違いは、まず名前がないこと、`{}` と中身の位置関係、そして `in` というキーワードが加わってい

ることくらいです。

まずは、上のファンクション定義の例として定義した平均値を求めるファンクションをクロージャ化してみましょう。クロージャを構成するすべての要素が 1 つの `{}` に入るように書けばよいのです。

クロージャを定義する
```
{(i1: Int, i2: Int, i3: Int) -> Double in
    return Double(i1 + i2 + i3) / 3.0
}
```

ただし、これを書いただけでは何も起こりません。このクロージャが 1 つの値として、そこに置かれるだけです。これを直接実行するには、ファンクションのようにして呼び出す必要があります。そのためには、名前を付ける必要があります。そこで、このクロージャを定数に代入してみましょう。

クロージャを定数 avrg に代入する
```
let avrg = {(i1: Int, i2: Int, i3: Int) -> Double in
    return Double(i1 + i2 + i3) / 3.0
}
```

こうすれば、`avrg` をファンクションとして呼び出せるようになります。ただし、その場合には、クロージャの定義にある引数のラベルは書きません。

avrg をファンクションとして呼び出す
```
avrg(8, 13, 7)
```

とはいえ、このような使い方をしているだけでは、わざわざクロージャを定義した意味がありません。最初からファンクションとして定義すれば良いだけです。クロージャは、一種の値なので、他のファンクションやメソッドの引数として与えることができます。それが、クロージャらしい使い方の 1 つです。

使い方の例を 1 つ挙げましょう。Swift の配列型には、`sorted()` というメソッドがあります。これは、その名が示すように、配列の要素を並び替えて（ソートして）、新しい配列として返すという機能を持っています。このメソッドは引数なしでも使えますが、その場合には要素を小さい順に並び替えるだけです。

もしそれ以外の順番で並び替えたい場合は、`by` というラベルの引数として、並び替え

の規則を表すクロージャを与えることができます。例えば、大きい順に並び替えたい場合は、そのクロージャの2つの引数を比較して、1番目の引数が2番目の引数よりも大きければ **true** を返すようなクロージャの中身にします。言葉による説明では分かりにくいので、実際に書いてみましょう。

sorted 関数の by 引数にクロージャを使う

```
let nums = [3, 5, 1, 9, 2]
let snums =  nums.sorted(by: {(i1: Int, i2: Int) -> Bool in return i1 > i2})
```

この例では、最初に`[3, 5, 1, 9, 2]`という配列 `nums` があります。その配列の `sorted()` メソッドの `by` という引数に、`{(i1: Int, i2: Int) -> Bool in return i1 > i2}`というクロージャを与えると、大きい順にソートすることができます。その結果、新しい配列 `snums` には`[9, 5, 3, 2, 1]`が入ることになります。クロージャの中身を書き換えれば、他の規則で並び替えることも可能となります。

10 列挙型

ここでは、ユーザーが自身で型を定義して使う「列挙型」について解説します。列挙型は、C 言語などにも見られる伝統的な型です。その型として可能な値の種類を列挙しておきます。

▶ 列挙型とは？

Swift には、カスタムな型を定義して使う方法がいろいろありますが、その中でもっとも手軽に使えるのが、この**列挙型（enumeration）**です。これは、値の種類が限られている場合に便利な型の定義方法です。種類が限られている、というのは、だいたいどれくらいの数かというと、数種類から、かなり多くても数十種類程度でしょう。本書のゲームプログラムの例では、トランプのマークの 4 種類を列挙型で表現しましたが、数としても用途としても、だいたい標準的な範囲の使い方だと考えられます。

▶ 列挙型の定義

ここでは、交通信号機の状態を、色の名前を値に持つ列挙型として定義する例を示しましょう。

列挙型を定義する

```
enum Signal {
    case green
    case yellow
    case red
}
```

このように、値を 1 つずつ **case** に続けて書くのが標準的で、読みやすい書き方です。値の種類がもっと多い場合、あるいは記述を短く収めたい場合には、以下のように 1 つの **case** の後ろに、値を **,**（カンマ）で区切って、並べて書くこともできます。両者の意味はまったく同じです。

列挙型を定義する（省略記法）
```
enum Signal {
    case green, yellow, red
}
```

▶ 列挙型の使い方

列挙型の値は、標準的には**型の名前 . 値**のように、型の名前と、それに属する値を **.**（ピリオド）で区切って書くことで指定することができます。

列挙型の値を呼び出す
```
let go = Signal.green
```

型が明らかな場合には、型の名前を省略して **. 値**のように書くことができます。型が明らかなのは、たとえば、すでに何らかの列挙型の値が代入された変数の値を変更する場合や、あらかじめ列挙型として宣言した変数の値を設定する場合などです。

型の名前を省略する
```
var sigColor: Signal
sigColor = .yellow
sigColor = .red
```

▶ 列挙型に生値を与える

列挙型の値は、上の例では **green**、**yellow**、**red** そのものですが、それらの値に、整数や文字列など、一般的な値を割り振りたい場合もあります。たとえば、計算によっ

て求めた整数値や、乱数として得られた整数値を、列挙型の値に変換したい場合が考えられます。あるいは、列挙型の値を画面に表示したい場合は、列挙型の値の名前を、そのまま文字列として表示したい、ということもあるでしょう。そうした際には、列挙型の値に**生値（raw value）**を割り当てることができます。

上の例で、`Signal` 型の `green`、`yellow`、`red` に、それぞれ `0`、`1`、`2` のように、インデックス的な整数値を割り振りたい場合は、以下のように書くことができます。

列挙型に整数の生値を割り振る

```
enum Signal: Int {
    case green
    case yellow
    case red
}
```

これで、`green` は `0`、`yellow` は `1`、`red` は `2` という生値を密かに持つことになります。その生値を取り出すには、列挙型の値の後ろに `.rawValue` を付けるだけです。

列挙型の生値を取り出す

```
let redVal = Signal.red.rawValue
```

列挙型の中で、生値の開始する値を指定して、続く値の生値を順にずらすことができます。たとえば、`green` は `1`、`yellow` は `2`、`red` は `3` としたいなら、以下のように書きます。

生値の開始値を 1 にする

```
enum Signal: Int {
    case green = 1
    case yellow
    case red
}
```

列挙型の各値には、連続したものではなく、とびとびの独立した値を割り振ることもできます。

生値を個別に指定する

```swift
enum Signal: Int {
    case green = 1
    case yellow = 10
    case red = 100
}
```

列挙型の生値の型を `String` に指定すると、`rawValue` によって、値の名前をそのまま文字列として取り出すこともできます。

生値の型を文字列に指定する

```swift
enum Signal: String {
    case green, yellow, red
}
let sigName = "Signal turns to " + Signal.yellow.rawValue
```

これで、`Signal.yellow.rawValue` 部分の値は `"yellow"` になります。

列挙した値に、数値を割りふって、簡単に呼び出すことができるのね！

11 構造体

構造体は、種類（型）の異なる雑多な情報を1つにまとめて管理するためのものです。Swiftの構造体は他の言語に比べてかなり強力なものとなっています。

▶ 構造体とは？

構造体（structure）は、C言語などにも見られるもので、ごく簡単に言えば、複数の種類の異なる情報を、まとめて1つの名前で扱えるようにするものです。また、これは一種の型を定義するものであり、いったん定義した構造体からは、ちょうどスタンプを押すように、簡単に複数のオブジェクトを作成して、その型の変数、または定数として扱うことができるようになります。同じ構造体から作っても、その中身の要素の値はそれぞれ異なるものにできるので、**種類は同じでも値が違う**、というオブジェクトを必要なだけ作ることができます。

本書のゲームプログラムの例では、CHAPTER 6の**15パズル**のタイルを構造体として定義しています。その中身は、タイルの位置を表す行と列の番号（整数）、タイルのベースとなる長方形（Rectangle）、そしてタイルの表面に表示する数字を表す文字（Text）でした。このうち、行と列の番号については、あとでタイルが移動すると変化します。それに対して、ベースの長方形と数字は、最初にタイルのオブジェクトを作成した際のものが、最後までそのまま使われます。このような使い方は構造体としての典型的なものの1つです。

ところが、Swiftの構造体は、従来のプログラミング言語の構造体を大幅に拡張し、**クラス**とほとんど変わらないほどの機能を持つようになっています。実際、少なくとも文法的にはほとんど違いがないと言っても良いほどです。試しに15パズルの`struct`を`class`に書き換えても、そのまま動作します。

とはいえ、もちろん違いもあります。たとえば、本書のCHAPTER 7の**神経衰弱**で

は、1枚のカードをクラスを使って定義していますが、その class を struct に置き換えると、このプログラムは動かなくなります。その理由は、ごく簡単に言えば、構造体が静的（固定的）であるのに対し、クラスは動的（流動的）であることの違いです。神経衰弱では、ユーザーがカードにタッチした際の処理を、クロージャによって動的に扱っていますが、そのあたりは構造体では対応しにくい部分です。

ここでの構造体の解説と実例は、struct を class に変更するだけで、そのままクラスにも通用するものばかりです。そのため、この後のクラスの解説では、これから構造体について取り上げるような単純な例は省くことにします。以下は、「構造体」を「クラス」と読み替えても有効な、基本的な解説と実例だとみなしてください。

▶ 構造体の定義

構造体の定義の基本形は、struct 名前 { 構造体の中身 } のようになっています。この**構造体の中身**の部分には、プロパティやファンクション（メソッド）の定義などが入ります。

例として、円を表す構造体 `Circle` を定義してみましょう。プロパティとしては中心の座標と半径を持つことにします。またこの構造体内部のファンクション、つまりメソッドとして、円の面積を求めるものを定義してみます。

構造体 Circle を定義する
```
struct Circle {
    var centerX: Double = 0.0
    var centerY: Double = 0.0
    var radius: Double = 1.0

    func area -> Double {
        return radius * radius * Double.pi
    }
}
```

この例では、初期化用のメソッドを省いて簡略化するため、すべてのプロパティには、最初から仮の値を設定して定義しています。

構造体オブジェクトの作成

構造体からオブジェクトを作成する方法も、クラスからオブジェクトを作成する方法も、文法的にはまったく変わりません。構造体またはクラス名の後ろに`()`を付けて、ファンクションのように呼び出せば、その構造体、またはクラスのオブジェクトが返ってきます。

初期化メソッドが引数を要求する場合には、`()`の中に、それに対応する引数のリストを書きますが、上の`Circle`のように、初期化メソッドを持たない単純な場合には`()`だけを書きます。

構造体`Circle`を初期化する

```
var c1 = Circle()
c1.radius = 3.2
let a1 = c1.area()
```

この例では、まずデフォルトの円（位置が(0, 0)で半径が1.0）のオブジェクトを作成します。そのプロパティとして定義してある半径にアクセスするには、**オブジェクト名.プロパティ名**という文法を使います。ここでは、`c1.radius`に`3.2`を代入して、半径を`3.2`に設定しています。

最後に、円のメソッドにアクセスするため、**オブジェクト名.メソッド名**の文法を使って、`c1.area()`を呼び出しています。そのメソッドは、円の面積を返します。この例では、その値`32.15`が定数`a1`に代入されます。

「構造体」も「クラス」も、いろいろな情報をひとまとめにして、プログラムの中で扱いやすくしたものなの！

12 クラス

Swiftにおいては、構造体とよく似た存在であるクラス。ここでは、よりクラスらしい例を示しながら、両者の違いについても簡単に解説します。

クラスとは？

すでに**構造体**の部分で述べたように、Swiftの構造体とクラスは、よく似た存在です。少なくとも、使い方に関して文法上の違いはほとんどありません。ただし、同じ書き方をしても、動作が異なる部分もあります。
たとえば、構造体のオブジェクトは、先に見た例のように、変数に代入しておかないと、あとからプロパティを変更できないのに対し、クラスのオブジェクトは、定数に代入しても、あとからプロパティを変更できます。
そのあたりも含めて、構造体で示したものより、少し複雑な例を示しながら、クラスの基本的な使い方を確認しておきましょう。

クラスの定義

クラスの定義の基本形は、`class 名前 { クラスの中身 }`のようになります。この**クラスの中身**の部分には、構造体の場合とまったく同様に、プロパティやメソッドの定義などが入ります。
ここでは、クラスから生成するオブジェクトを初期化するためのメソッドを含む例として、長方形を表すクラス`Rectangle`を定義してみます。プロパティとしては、長方形の左上角の座標に加え、サイズを表す幅と高さを持つことにします。
またこの構造体内部のファンクション、つまりメソッドとして、長方形の左上の角の

座標を変更する、言い換えれば長方形を移動するものを定義してみます。このメソッドには、X 軸と Y 軸の座標値の移動量を引数として与えることにします。つまり、元のプロパティの座標値に、引数の値を加えたものが、新たなプロパティの座標値となるわけです。このメソッドには戻り値はありません。

初期化メソッドは、このクラスが持つ 4 つのプロパティ、つまり左上角の X 座標、同 Y 座標、幅、高さをすべて指定してオブジェクト生成するものとします。初期化メソッドの定義には、先頭に `func` はいりません。単に `init` という名前のファンクションの形を書けば良いのです。`init` には明示的な戻り値はありません。強いて言えば、それによって初期化したオブジェクトが暗黙の戻り値となります。

Rectangle クラスを定義する

```
class Rectangle {
    var upleftX: Double
    var upleftY: Double
    var width: Double
    var height: Double

    init(upleftX: Double, upleftY: Double, width: Double, height: Double) {
        self.upleftX = upleftX
        self.upleftY = upleftY
        self.width = width
        self.height = height
    }

    func move(dx: Double, dy: Double) {
        self.upleftX += dx
        self.upleftY += dy
    }
}
```

初期化メソッドと `move()` メソッドの中では、プロパティの前に `self.` を付けています。この `self.` は、自分自身のオブジェクトを表します。特に初期化メソッドの中では、引数とプロパティの名前が同じなので、`self.` が名字のような役割を果たしています。これにより、引数として初期化メソッドに渡されてきた値を、プロパティに代入するという方向が明らかになります。実は `move()` メソッドの中でプロパティを表している `self.` は省いても動作します。引数とプロパティの名前が異なるからです。

ただし、ここでは確かにプロパティにアクセスしている、ということを明示するためには、`self.` を付ける方がよいでしょう。

クラスのオブジェクトの作成

クラスからオブジェクトを作成する方法も、構造体からオブジェクトを作成する方法と何ら変わりません。クラス名の後ろに `()` を付けて、ファンクションのように呼び出せば良いのです。それによって、そのクラスのオブジェクトがファンクションの戻り値のように返されます。

先に定義した `Rectangle` クラスの初期化メソッドは、いずれも `Double` 型の、`upleftX`、`upleftY`、`width`、`height` という 4 つの引数を取ります。そこで、クラスからオブジェクトを作成する際には、その 4 つの引数を指定します。

Rectangle オブジェクトを作成する
```
let r1 = Rectangle(upleftX: 12.0, upleftY: -23.0, width: 8.0, height: 5.0)
```

これで、`Rectangle` クラスのオブジェクト `r1` が作成できました。これは `let` によって定数として定義されていますが、クラスの場合には、このオブジェクトのプロパティの値を変更するようなメソッド `move()` を呼び出すことも可能ですし、プロパティの値を直接変更することもできます。

プロパティの値を更新する
```
r1.move(dx: 20.0, dy: 30.0)
r1.width = 12.0
```

これが、とりあえず表面的な構造体とクラスの違いの 1 つです。

構造体やクラスという設計図をもとに、オブジェクトができるんだね！

さくいん

記号
!= ······ 252
&& ······ 138, 254
*= ······ 238
/= ······ 238
|| ······ 123, 138, 254
< ······ 252
<= ······ 252
-= ······ 238
> ······ 252
>= ······ 252

A
animate ······ 85, 169
App Store ······ 10
append() ······ 103, 248
arc4random ······ 42, 269
arc4random_uniform() ······ 49
ask() ······ 26
askForChoice() ······ 29, 35
askForDate() ······ 29
askForDecimal() ······ 33
askForNumber() ······ 29, 50

B
Bool ······ 209
break ······ 36, 266

C
Canvas.shared.currentTouchPoints[0] ······ 91
Canvas.shared.currentTouchPoints.first! ······ 80
case ······ 36
center ······ 74
Circle ······ 67, 73
color ······ 73
Color.random() ······ 79
continue ······ 204, 266
cornerRadius ······ 73
C言語 ······ 231

D
darker() ······ 78
default ······ 36
didSet {} ······ 198
Double ······ 233
Double.pi ······ 75, 84, 235
draggable ······ 69
drand48 ······ 269
dropShadow ······ 78

E
enum ······ 190, 275

F
false ······ 69, 251
fontName ······ 128
fontSize ······ 128
for ······ 102
for 〜 in ······ 262
Foundationフレームワーク ······ 176, 222, 269
func ······ 271

H
height ······ 73

INDEX

I
i ·· 103, 262
if ·· 123, 256
if 〜 else ···························· 45, 257
if 〜 else if ································ 258
import ···························· 96, 176, 222
init() ································· 192, 283
Int ·· 233

J
Java ··· 231

L
let ··· 235

M
move() ······································ 283

N
nil ·· 80

O
Objective-C ································ 230
onTouchDown ······························· 78

P
private ····································· 189
public ······································ 189

R
radius ·· 73
raw value ··································· 277
Rectangle ·································· 150
remove() ··································· 249
repeat 〜 while ························ 52, 265
return ································ 123, 272
rotation ····································· 74
round() ······························ 124, 240

S
rounded() ·································· 240

self. ·· 283
show() ······································· 25
shuffle() ··································· 205
sorted() ··································· 273
String ································ 233, 242
struct ····································· 280
swich ·· 35
Swift Playgrounds ························· 10
Swift.org ·································· 232
switch 〜 case ···························· 258
Symbol ···································· 190

T
Text ·· 128
true ································· 69, 251

V
var ·· 233

W
while ································· 59, 264
width ·· 73

あ行
アークタンジェント ······················ 96
値 ··· 237
イニシャライザー ······················· 192
インクリメント ························· 239
インデックス ······················ 156, 246
インポート ·························· 176, 222
演算 ··· 237
演算子 ······································ 237
オブジェクト ····························· 68

か行

開始値	262
カラーパレット	117
関数	268
クラス	68, 188, 282
クロージャ	272
構造体	152, 279
コードを実行	15
コサイン	96

さ行

サイン	96
座標	74
三角関数	96
三項演算子	58, 260
式	237
四則演算	237
終了値	262
条件分岐	256
剰余算	104, 241
初期化	125
真偽値	251
図形テンプレート	66
宣言	233, 234

た行

代入	236
タイプ	233
対話テンプレート	24
タッチアップ	79
タッチダウン	78
定義	233
停止	16
定数	233, 234
テキスト	14
デクリメント	239
テンプレート	13

な行

生値	277

は行

配列	131, 246
パブリック	189
比較演算子	252
引数	269
ファンクション	268
複合演算子	238
プライベート	189
プレースホルダー	26
プロパティオブザーバー	198
変数	233, 234

ま行

マイプレイグラウンド	12
メソッド	79
文字列	242
モダン	231
戻り値	270

や行

要素	246

ら行

ループ	262
列挙型	190, 275
論理積	254
論理の反転	210
論理和	123, 254

12歳からはじめる
ゼロからのSwift Playgrounds ゲームプログラミング教室

2019年3月31日　初版第1刷発行

著者	柴田文彦
装丁	風間篤士（リブロワークス）
イラスト	加藤陽子
編集	リブロワークス
デザイン・DTP	リブロワークス デザイン室

発行者　……………　黒田庸夫
発行所　……………　株式会社ラトルズ
　　　　　　　　　　〒115-0055
　　　　　　　　　　東京都北区赤羽西4丁目52番6号
　　　　　　　　　　TEL 03-5901-0220（代表）
　　　　　　　　　　FAX 03-5901-0221
　　　　　　　　　　http://www.rutles.net
印刷　………………　株式会社ルナテック

ISBN978-4-89977-484-6
Copyright ©2019 Fumihiko Shibata
Printed in Japan

＜お断り＞
- 本書の一部または全部を無断で複写複製することは、法律で認められた場合を除き、著作権の侵害となります。
- 本書に関してご不明な点は、当社Webサイトの「ご質問・ご意見」ページ（https://www.rutles.net/contact/）をご利用ください。電話、ファックスでのお問い合わせには応じておりません。
- 当社への一般的なお問い合わせは、info@rutles.netまたは上記の電話、ファックス番号までお願いいたします。
- 本書内容については、間違いがないよう最善の努力を払って検証していますが、著者および発行者は、本書の利用によって生じたいかなる障害に対してもその責を負いませんので、あらかじめご了承ください。
- 乱丁、落丁の本が万一ありましたら、小社営業宛てにお送りください。送料小社負担にてお取り替えします。